수학공부,

순서를 바꾸면 빨라집니다

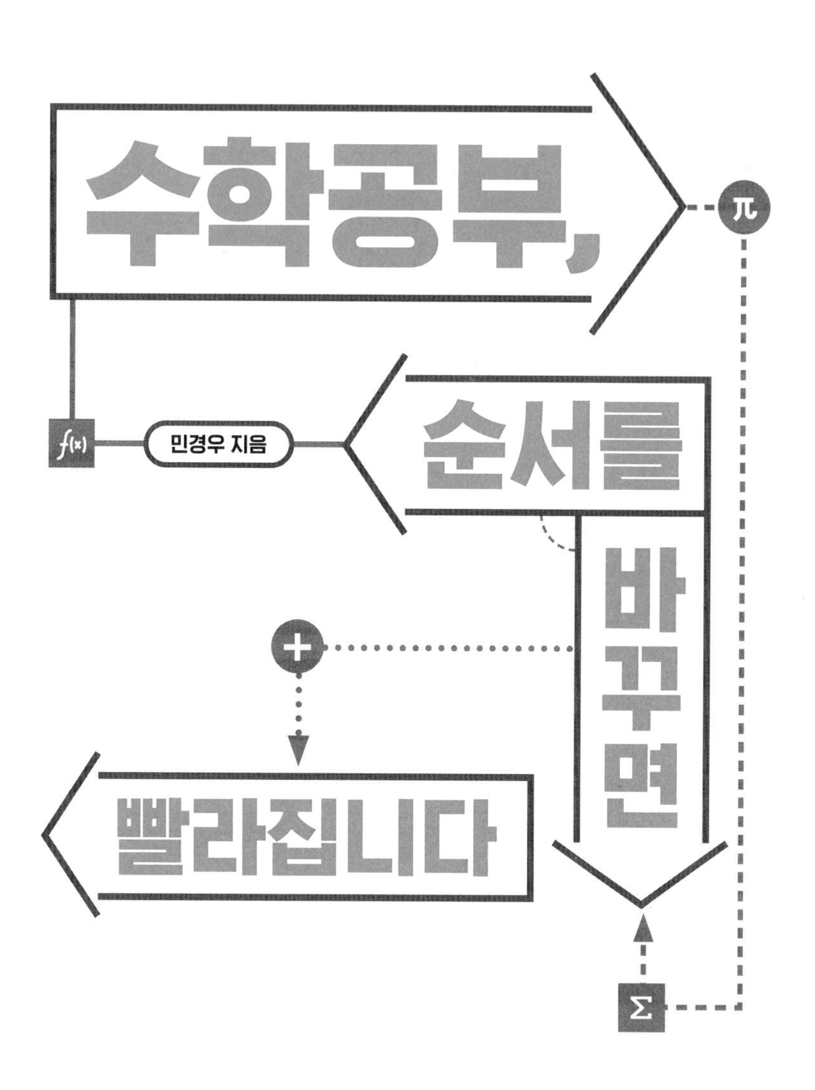

Marypoppins
Books

추천의 글 1

수학은 논리적인 학문이다. 증명이 있고, 다양한 공식들이 등장하며, 정확한 답이 도출되는 논리정연하고 질서가 있는 학문이다. 그러나 역설적이게도 논리만으로는 수학을 설명할 수 없다. 한계가 분명히 존재한다.

6000년 동안 수학자들이 만들어낸 공식은 실로 어마어마한 분량에 달한다. 그런데 우리는 흔히 이 많은 수학 공식이 처음부터 완벽했을 거로 착각한다. 실상은 그렇지 않다. 비교적 잘 알려진 이론들 예를 들면 뉴턴의 미적분, 아인슈타인의 상대성 이론 등도 처음부터 정교한 논리를 갖춘 완전무결한 상태로 탄생하지 않았다. 수학 이론은 방대한 지식의 데이터값으로만 이뤄지지 않기 때문이다. 수학을 시작하는 데 필요한 것은 백과사전식의 지식수준이 아니다. 수학의 시작과 자신감은 오직 직관에서 비롯한다. 지적 발견이나 작용은 오히려 수학과는 거리가 멀어 보이는 직관의 세계에 속한다.

문화에 숨어서 보이지 않는 것들이 오히려 수학이라는 논리체계를 보게 하는 것이다. 이제는 논리적 학습보다 직관과 상상력을 학습하는 시대임이 틀림없다. 입시라는 망망대해에서도 목표하는 대학에 안착할 방법은 있다. 길을 정확히 가르쳐주고 한눈에 볼 수 있는 지도를 얻으면 될 일이다. 이런 지도를 손에 쥔다면 어떠한 상황에서도 자신감이 생길 것이다.

민경우 선생님의 《수학공부, 순서를 바꾸면 빨라집니다》는 수학의 본질을 직관하고 상상력을 자극한다. 수학이라는 망망대양에서 표류하는 당신에게 지도를 보여주며 자신감을 가지라고 외친다. 인간은 작은 점 하나를 놓고도 100명이면 100가지의 다 다른 이야기를 만들어 낼 수 있는 존재다. 저마다의 상상력이 있기 때문이다. 그러나 이런 상상력이 없는 사람은 작은 점 하나만으로 무엇을 할 수 있냐고 주저앉기 마련이다.

이 책은 독자에게 수학의 상상력을 더하는 것은 물론 수학 공부법의 가장 정확하고 든든한 지도이자 안내서가 되어 주리라 확신한다.

장원식(<지성의숲> 학원장)

추천의 글 2

"옆집 아이는 벌써 이만큼 하던데?"

옆집 아이를 보지 말고 내 아이를 봐야 한다고 스스로에게 수없이 말하지만, 방심하면 조바심이 생기는 것이 나를 포함한 대부분의 부모님 마음일 것이다.

"선.행.학.습."

이 단어만큼 대한민국 학부모들에게 무겁게 부담감을 주는 단어가 또 있을까? 수학 교육 전문가들과 인터뷰를 하면 공통적으로 하는 말 중의 하나는 선행보다 현행, 심화가 중요하다는 것이며, 선행학습을 건강하게 소화할 수 있는 아이들은 소수에 불과하다는 점이다. 큰 맥락에서 이 말은 틀리지 않다고 생각한다. 학생의 현재 공부 정서 상태를 고려하지 않은 채 부모의 비교의식과 또래 친구들과의 경쟁심 때문에 방향성 없이 무리한 선행학습을 하는 것은 분명히 지양해야 하는 부분이다.

하지만 수학 공부에 욕심이 있고 스스로 동기부여가 되어있는 학생이라면 경우가 다르다. 이 책에 소개된 아이들처럼 '순서를 바꾸어' 통상적으로 높은 난도로 여겨지는 수학 개념들을 먼저 공부했더니 오히려 이해를 잘하고, 그 과정을 통해 아이가 수학에 대한 흥미와 자신감이 생겼다면 이것은 마땅히 선행학습의 순기능이라고 볼 수 있다.

누구보다 멋지게 프리킥을 찰 수 있는 아이에게 기초가 중요하니 공다루기만 연습시키다가 아이가 축구에 대한 흥미를 잃게 된다면 얼마나 안타까운 일인가? 방향만 잘 제시해 주면 수학에 충분히 재미를 붙이고 더 잘할 수 있는 아이인데, 정해진 틀에 갇혀 학습하다 재능을 꽃피우지 못한다면 얼마나 안타까운 일인가?

현행, 심화 학습이 중요한 만큼 올바른 방향성의 선행학습도 동일하게 중요하다. 이러한 맥락에서 민경우 작가님의 이번 신간 도서는 학생들에게는 현실적이고 전략적인 선행학습 로드맵을 제공하며, 평소 수학에 대해 관심이 있는 성인들에게는 수학 교육에 대한 새로운 통찰력과 대안을 제시하고 있다. 이 책에서 제안하는 수학 공부의 순서는 저자가 십여 년간 학생들을 직접 가르치며 검증한 데이터에서 나온 산물이다. 수학공부의 재미를 추구하고 선행학습에 대한 갈증이 있는 학생이라면, 이 책이 든든한 안내서가 될 수 있을 것이다.

브루스 PD (<가든패밀리>교육 유튜브 채널)

추천의 글 3

저는 두 딸을 키우고 있는 학부모입니다. 평소 아이들의 교육에 관심을 두고 적극적으로 돕고 싶지만 마음만 앞설 뿐, 바쁘다는 핑계로 잘하지 못하는 평범한 아빠입니다. 그런데 큰딸이 〈민경우 수학교육연구소〉의 민경우 대표님께 수학을 배우면서 공부에 대한 마음가짐과 자세에 변화가 생겼습니다. 민경우 선생님과 수업을 거듭하면 할수록 수학 공부법에 관한 새로운 인사이트를 얻음은 물론이고 예전에 비해 학습에 훨씬 더 흥미를 보입니다. 매번 수업을 기다리며 설레는 딸의 모습을 볼 때마다, 선생님의 탁월한 지도력과 교육 방식에 깊은 감명을 받습니다. 딸아이의 학습에서 부족한 부분을 명확히 파악하고 보완해 주시는 선생님의 맞춤 수업 방식이 비결인 것 같습니다. 덕분에 아이의 학습 자신감이 올라가고, 동기 부여가 되는 것을 지켜봤습니다. 딸이 스스로 학습에 의욕을 보이며, 즐겁게 공부하는 모습을 옆에서 지켜보는 저도 덩달아 신이 납니다.

한마디로 말해, 민경우 선생님은 복잡한 내용을 군더더기 없이 핵심만을 정확하게 전달하는 능력이 있으십니다. 선생님의 이런 교육 방식은 공인 노무사로 일하는 저도 기업 컨설팅 업무에 적용하고 싶을 만큼 강력하고 효과적입니다.

따라서 이 책은 그동안 제가 딸을 통해 몸소 체험한 민경우 선생님의 교육 철학과 그 방법론의 집대성입니다. 학습자뿐만 아니라 교육자, 학부모 그리고 교육 관련 비즈니스 전문가에게도 본서가 많은 도움이 될 것입니다.

이 책은 단순한 학습서가 아니라 모든 이에게 수학 공부에 대한 새로운 시각과 통찰력을 제시하는 탁월한 길잡이가 되리라 확신합니다. 이 책을 꼭 읽어보시길 적극 권하고 싶습니다.

박사영(공인 노무사_수강생 학부모)

추천의 글 4

저는 초등학교 4학년 때부터 민경우 선생님과 공부했습니다. 대학생이 된 지금도 여전히 첫 수업이 생생히 기억납니다. 수업 내용이 꽤 충격적이었기 때문입니다. 선생님은 수업 첫날 초등학생인 제게 중고등 교과과정인 거듭제곱을 가르치셨습니다. '초등학생이 거듭제곱을 배운다니!' 하고 속으로 많이 놀랐지만, 충격은 이걸로 끝나지 않았습니다. 더 큰 충격은 제가 '중고등 수학'에 해당하는 거듭제곱을 어려워하지 않고 잘 받아들였다는 사실입니다. 그럴 수 있었던 이유는 제가 특별히 수학에 소질이 있다거나, 머리가 좋아서가 아니었습니다. 그저 그 내용이 초등학생도 이해할 정도의 수준이었던 까닭입니다.

수학 교육과정을 살펴보면 거듭제곱 형태의 수를 계산하는 지수법칙은 중학교 때 처음 배우게 됩니다. 이때 지수와 관련한 전체 단원을 배우지 않습니다. 중학교 수준에서는 지수의 범위가 자연수로 한정된 경우만을 배웁니다. 고등학생이 되어서야 다루는 지수의 범위가 확장되어 정수, 유리수, 실수까지 배우는데, 저는 선생님과 이 모든 내용을 1시간이 채 안 되는 짧은 시간에 다 배웠습니다.

일반적으로 지수의 확장은 고등학교에 가서 배우니까 중학교 때 다루는 지수법칙보다 훨씬 더 어려울 거로 생각합니다. 그런데 제가 직접 배워보니 전혀 그렇지 않았습니다. 지수가 자연수에서 정수와 유리수, 실수로 확장될 뿐이지 더 어렵다거나 완전히 다른 개념의 수식이라는 생각은 들지 않았습니다. 이 일을 겪은 후 수학을 공부하는 마음가짐과 방식에 큰 변화가 생겼습니다. 굳이 교과과정에 얽매여 비효율적으로 공부할 필요가 없음을 깨달은 것입니다.

이 책에서도 여러 번 강조했듯이 우리의 최종 목적지는 결국 수능입니다. 수능에 해당하지 않는 불필요한 부분은 넘어가고, 연결된 교과과정은 한데 묶어 학습하는 등의 효율적인 공부가 필요합니다. 실제로 저도 중학 교과과정 중 수능에 속하는 함수와 방정식만 공부하고 바로 고등학교 2~3학년 수학으로 넘어갔습니다. 그러자 중3 때 수능 수학에서 2등급이라는 좋은 성적을 받았습니다. 이처럼 효율적이고 제대로 된 공부법을 따라 하면 성적으로 결과를 증명할 수 있습니다. 민경우 선생님의 수학 공부법이 더욱 잘 알려져서 더 많은 학생과 수능 준비생에게 도움이 되길 바랍니다. 수능 수학을 공부하는 모든 분에게 이 책을 적극 권합니다.

김예나(가천대 인공지능학과 학생)

프롤로그

나는 30년 넘게 사회운동을 해왔다. 1987년 서울대학교 인문대학생회장으로 시작하여 지금에 이르기까지, 한마디로 파란만장한 인생을 살았다.

살아온 과정도 우여곡절의 연속이었다. 고등학교 때 이과였고 1983년 서울대 의예과에 합격했다. 의예과 재학 시절 당시 대학가를 휩쓸었던 분위기에 도취하여 과감한 선택을 하기도 했다. 그렇게 이듬해에 서울대 국사학과에 재입학했다. 간혹 사람들이 의아하게 묻는다. 국사학과 출신이 어떻게 수학을 가르치냐고. 다른 이에게 특이하게만 느껴지는 나의 행보는 이과 출신, 서울대 의예과 합격이라는 이력이 자리한다.

오랜 기간 사회운동을 하다가 2012년에 처음 수학 선생으로 살아가기로 마음먹었다. 이때도 나름의 철학이 있었다. 가난한 동네에서 형편이 어려운 학생을 가르치기로 작정한 것이다. 그렇게 나는 일면식도 없었던 금천구에 터를 잡고 수학 학원을 세웠다. '나눔학원'. 내가 설립한 첫 학원이었다.

나눔학원은 시작부터 성과가 좋았다. 그런데 시간이 지날수록 근본적인 의문이 생겼다. 교육봉사도 필요하지만 제대로 된 수학교육이 먼저라는 판단이 들었다. 나눔학원의 교육방식은 미봉책일 뿐 근본적인 해결책은 아니라는 결론에 이른 것이다. 얼마 후 학원 이름을 '지성의숲'으로 바꾸고 교육 방향을 새롭게 정했다. 수학교육 혁신에 방점을 찍기로 말이다.

그 후로 시간이 많이 흘렀다. 나는 천안아산, 광주, 분당을 기웃거리며 새로운 교육 실험에 나서기도 하고 여러 권의 책을 쓰기도 했다. 《수포자 탈출 실전 보고서》(한솔수북, 2015), 《수학 공부의 재구성》(바다출판사, 2019)은 교육혁신이나 개혁을 주제로 했고 《미적분으로 가는 최단 경로》(매직하우스, 2020), 《수학에세이》(매직하우스, 2020)는 일반 수학 관련 책이다.

이 책은 《수포자 탈출 실전 보고서》와 《수학 공부의 재구성》에 이은 세 번째 책으로 교육혁신과 개혁을 주제로 한다. 책을 다 쓰고 나니 앞서 출간된 두 책의 뼈대에 살을 붙이는 모양새가 된 듯하여 나의 한계를 절감한다. 한편 이전에 비해 하고 싶은 얘기를 좀 더 구체적으로 한 것 같아 후련하기도 하다.

이 책을 요약하면 다음과 같다.

첫째, 수능을 목표로 한다면 불필요한 부분의 공부는 과감히 생략하고 핵심적인 부분에 역량을 집중해야 한다. 현 교과서는 그저 형식적 내용에 불과한, 불필요한 단원이 많다. 수능을 목표로 하는 학생은 이 부분을 효율적으로 공략하여 가지치기할 필요가 있다. 이 책의 가장 차별화된 특징은 '무엇을 하라'가 아니라 '무엇을 하지 마라'이다. 특히 중학교 수학 전반에 걸쳐 소개되는 그리스(유클리드) 기하를 생략할 것, 방정식을 대대적으로 통폐합하여 간소하게 처리할 것 등이 이 책이 전달하고자 하는 핵심 메시지이다.

둘째, 교과의 간소화와 효율적 집약을 위해서는 기존의 관점과 자세를 바꿀 필요가 있다고 보고 이에 관련된 새로운 해석과 대안을 제시한다. 예를 들어 $\frac{1}{2}+\frac{1}{3}$보다 $\sqrt{8}$이 더 쉽다는 사실이다. 이런 새로운 관점이 사고의 전환에 결정적이고 중요한 역할을 한다. 우리는 흔히 $\frac{1}{2}+\frac{1}{3}$의 분수 계산이 루트($\sqrt{\ }$)보다 훨씬 쉽다고 생각한다. 실제로는 그렇지 않다. 사람들은 으레 분수가 루트보다 쉽다고 여기는데 이건 무의식적 습관일 뿐이다. 수학에는 이런 착각이 꽤 많다. 분수와 루트는 그저 하나의 예에 불과하다. 그렇기에 늘 하던 대로 습관대로 학습하지 않고 새로운 관점과 방식으로 쇄신할 수 있어야 한다. 그것만으로도 공부량은 비약적으로 줄어든다.

셋째, 수학교육 효율화와 더불어 교육개혁에 대한 나름의 구상을 담았다. 학제 개편 당위성을 강조하면서 이에 대한 근거로 지금의 교육 현실을 꼬집었다. 대다수 학생이 중1~3 무렵부터 이미 고등학교 수학을 시작한다. 이 말은 고1 또는 늦어도 고2에는 반복 학습을 시작한다는 뜻이다. 이렇게 무의미한 반복 학습을 할 바에야 차라리 커리큘럼을 2~3년 앞당기거나 공부의 분량을 늘리면 될 일이다. 하지만 공부의 양을 늘리는 것은 현 실정에 맞지 않는다. 학생이 공부하는 분량은 지금도 이미 차고 넘친다. 굳이 공부량을 더 늘릴 이유가 없다. 따라서 커리큘럼과 해당 공부 시기를 현실에 맞게 앞당기는 편이 좋다고 본다. 그렇게 되면 고등학교 졸업 후에 재수나 삼수 심지어 사수와 오수까지 이어지는 N수 입시 풍토를 막을 수 있다. 개인적으로 N수생 증가 현상이 매우 염려스럽다. 입시 기회를 남용하는 점을 우려하는 것이다. 입시로 인해 많은 기회비용을 내고, 선택의 자유라는 핑계로 사회적 공공재를 낭비하는 현 사회 풍조는 바람직하지 않다. 그런 안일한 판단과 선택 뒤편에서 개인과 사회는 소리 없이 망가져 간다. 누구에게나 공정한 기회가 주어져야겠지만, 그 기회를 한없이 붙들고 있을 때 문제가 발생한다. 어느 순간이 되면 과거를 털고 미래로 나아가야 한다.

마지막으로 중학교 때부터 미적분 수업을 시행할 것을 제안한다. 나는 이것이야말로 수학교육의 핵심 사안이라 생각한다. 많은 공부량과 선행학습으로 인해 중1이면 고등수학을 능숙하게 푸는 학생이 허다하다. 그런데 지금의 교과서는 전혀 현실을 반영하지 않고 있다. 오늘날 수학 교과는 1970년대 내가 배웠던 수학 교과서와 별반 차이가 없다. 많은 시간이 흘렀건만 교육과정이나 수준은 예나 지금이나 여전히 제자리걸음이다. 결국 학생들은 했던 내용을 또 하고 아는 것을 또 배우는 기계적 반복 훈련을 중고등 시절 내내 한다. 혹은 재수, 삼수 심지어 사수, 오수에 이르기까지 이 과정을 지겹도록 되풀이한다. 이처럼 끝없는 반복을 되풀이할 바에야 차라리 상위(고등) 수학을 중등 교육과정에서 미리 배우는 것도 방법이다. 지금 고등수학의 수준은 대학교에서 배우는 미적분

학과 견줄만하다. 현재 대학 3학년이 된 내 제자는 가끔 이런 소리를 한다. "대학 3학년 수학이 고3 수능 문제보다 쉬워요!". 우리나라 수학교육의 수준은 체계적이지 않다. 그러면 차라리 중학교 때부터 단계적인 미적분 수업을 통해 수학교육의 고리를 연결할 것을 제안한다.

이 책을 통해 내가 궁극적으로 바라는 것은 수학교육을 바꾸는 일이다. 커리큘럼 자체를 다시 짜서 새로운 교재를 만들고, 교육 방식을 바꾸는 것이다. 새로운 커리큘럼을 '줌zoom' 등의 디지털 플랫폼을 이용하여 1:1 화상 수업을 하고 싶다. 학생의 부족한 부분을 보완하는 맞춤 수업은 꼭 오프라인에서 이뤄지지 않아도 괜찮다. 굳이 서로 얼굴을 보며 수업하는 방식이 아니어도 된다. 영상으로도 얼마든지 가능하며, 충분하다고 생각한다.

몇몇 학부모는 이 제안에 의문을 제기할지도 모르겠다. 내신 대비가 안 된다는 이유에서다. 안타깝게도 이 점은 현행 교육제도에서는 어쩔 도리가 없다. 그런데 여기서 한번 내신의 목적성을 고심해봤으면 한다. 역설적이게도 내신은 무엇을 알고 있는지, 무엇이 중요한지를 테스트하는 시험이 아니다. 모르는 부분이 무엇인지를, 부족한 스킬을 확인하는 시험이다. 따라서 똑똑한 학생보다 실수를 안 하는 학생이 더 좋은 성적을 받는다. 그런데 이런 식의 공부는 고2~3 때 해도 늦지 않다. 코앞에 놓인 내신 시험을 대비하느라 수능이라는 큰 목표에서 뒤처질 수도 있기 때문이다. 내신

성적은 당장 눈으로 즉각적인 확인이 가능하지만 수능 시험은 먼 미래의 일이라고 안일하게 생각하는 경향이 있다. 그렇다면 제일 나은 방법은 무엇일까? 지금의 학교 교육 시스템대로 공부하되 약간의 시간을 할애하여 중요한 부분만 빠르게 개괄하길 바란다. 물론 이 방법이 완벽한 해결책은 아니다. 그럼에도 불구하고 현행 교육제도의 문제점 안에서 가장 적절한 방법이라고 생각한다.

나는 지금도 여전히 사회운동 중이다. 우리나라 수학교육을 향한 이런 문제의식과 외침이 전달되기를 그리하여 내가 꿈꾸는 교육 개혁이 곧 이뤄지기를 간절히 희망한다.

2024년 가을,

민경우

차 례

1부

우리는 먼 길을 돌아가는 공부를 하고 있다

익숙함이 아이의 뇌를 망친다

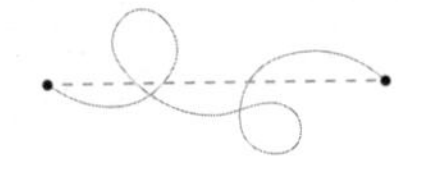

나는 10년 차 수학 선생이다. 수학 선생으로 일하면서 나는 항상 새로운 것을 추구하는 편이다. 그래서 늘 고민한다. '조금 다르게 할 수 없을까?'. 내가 수학을 처음 가르치기 시작했을 때 주로 가르친 대상은 고등학교 1~2학년 학생이었다. 이 학생들과 특별히 할 수 있는 수업은 없었다. 수능이 필요하면 수능 문제를 풀고, 내신 공부가 필요하면 그걸 함께 공부하는 식이었다. 이런 식이라면 결과는 시간과 노력에 따라 좌우될 수밖에 없다. 사실 학생이 공부해야 할 내용과 분량은 어느 정도 정해져 있었다. 인강이나 교재 등이 매우 발달해서 가르치는 사람의 수준에 따른 수업 내용의 차이도 별로 없다. 학교나 학원의 수학이 점점 교사의 실력보다 시스템적인 관리로 넘어가는 것도 이 때문이다.

2013년 어느 날, 나는 새로운 시도를 하고 싶었다. 가장 먼저,

수업 방식에 변화를 주고 싶었다. 그래서 1:1 영상 과외 수업을 시작으로 여러 다양한 시도를 했다. 그러자 가르치는 대상에도 변화가 생겼다. 전에는 주로 고등학생을 가르쳤다면 그 이후로는 초등학생까지 가르치는 학생의 학년이 내려왔다. 지금 내 수업 대상은 초등학교 4학년~중학교 1학년이다. 나는 여러 많은 학생을 가르치며 경험하고 깨달은 바를 이 책에서 차례로 소개하려 한다.

수학은 운전과 비슷하다. 운전자는 자동차의 페달을 밟거나, 핸들을 돌릴 때 어떻게 작동하는지 별로 신경 쓰지 않는다. 시간이 지날수록 그 동작에 익숙해져 굳이 생각하지 않고도 자연스럽게 운전하게 된다. 이런 점에서 수학도 운전과 유사한 부분이 많다.

중학교 1~2학년에게 기대하는 수학은 일차방정식과 음수를 적당히 이해하고 실제로 문제를 푸는 정도이다. 분수의 계산도 마찬가지다. 정규 교육을 받은 사람이라면 누구나 초등학교 4학년 정도에 분수를 배운다. 기성세대는 그때를 떠올릴 때 별다른 어려움 없이 분수를 배웠고, 이해했다고 기억한다. 따라서 그들은 학교 교육과정 순서대로 먼저 배우는 분수는 쉽고, 나중에 배우는 루트는 어렵다고 생각한다. 반면 초등학교 4학년이나 중학교 1학년 학생에게 분수나 루트는 둘 다 여전히 이해하기 어려운 잘 모르는 영역이다. 이 내용들을 가르치고 풀게 한다고 해도 학생들은 어른들이 시켜서 풀었을 뿐, 온전히 이해하고 푼 것이 아니다. 마치 어른이 운전할 때처럼 그저 뇌가 자동으로 움직일 뿐이다.

지금까지의 나의 지도 경험으로 봤을 때 '분수의 덧셈'보다 '루트' 계산이 훨씬 쉬웠다. 거의 예외가 없었다. 내 말이 의심스럽다면 독자도 이를 직접 확인해 보길 바란다. 나는 분수의 덧셈을 잘하는 학생이, 루트 계산을 못 하는 경우를 본 적이 없다. 분수의 덧셈과 루트 계산은 지적으로 거의 같은 레벨이기 때문이다. (분수와 루트 계산을 할 때 뇌의 움직임을 스캔한다면 아마도 별다른 차이가 없는, 거의 같은 양상을 보이지 않을까 생각한다.)

더 확장해 보자. 비단 중학교 3학년 때 배우는 루트뿐만 아니라 대체로 미적분이 나오기 이전의 모든 수학은 지적 레벨에서 같다. 다시 말해 분수, 루트, 고등학교 2학년 때 나오는 수열, 지수, 로그는 지적 레벨에서 동일선상에 있다는 뜻이다. 유일한 차이는 '교과 구성'일 뿐이다. 교과 구성상 어떤 단원은 먼저 가르치고, 어떤 단원은 나중에 가르치는 등의 순서가 있을 뿐이다. KTX를 예로 든다면 '동대구역'에 서기 위해 반드시 '대전역'을 거쳐야 하는 것과 같다.

교과서를 재구성하라

교과 구성은 이 책의 핵심 주제이다. 위 경험에서 알 수 있는 건 초등학교 4학년 때 루트를 가르쳐도 문제가 없고, 그렇게 교과를 구성해도 된다는 점이다. 더 분명히 말하자면 굳이 KTX를 탈 필요가 있느냐를 묻고 싶다. 우리가 동대구역을 가면서 대전역을 거치는 이유는 기차를 타기 때문이다. 만약 대구에 공항이 있다면 어떨까? 그렇다면 우리는 KTX를 타지 않고, 김포나 인천에서 대구로 곧장 비행기를 타고 갈 수 있다. KTX를 탄다면 들렀을 모든 중간역을 생략할 수 있는 것이다.

구체적으로 어떤 면이 그렇다는 것일까? 내가 겪은 경험을 토대로, 잠시 수학적인 이야기를 구체적으로 해보겠다.

초등학교 4학년도 루트를 풀 수 있다

분수는 초등학교 4학년 때 배우고, 루트는 중학교 3학년 때 배운다. 배우는 시간으로 따지면 거의 5~6년 차이가 나는 셈이다. 따라서 이 두 내용도 시간의 갭만큼이나 큰 차이가 날 것으로 생각하는 경향이 있다. 즉 분수는 초등학교 4학년 때 해도 되지만, 루트는 적어도 3~4년은 지나야 배울 수 있다고 생각하는 것이다. 그러나 이것은 오해일 뿐이다. 이 오해를 하나씩 풀어 보자.

먼저 분수에 대한 오해부터 바로잡아야 한다. $\frac{1}{2}+\frac{1}{3}$이 있다고 하자. 이를 계산하려면 먼저 통분을 해야 한다. 분모를 6으로 통분한다. 그럼 $\frac{3}{6}+\frac{2}{6}$가 된다. 여기서 극적인 일이 벌어진다. 당연하다고 생각하지 말고 관심을 기울여 보자. 보통 $\frac{3}{6}+\frac{2}{6}$에서 분모는 그냥 두고 분자만 더한다. 그래서 $3+2=5$로 계산하여 $\frac{5}{6}$가 답이다. 그러나 실제 학생들에게 계산해 보라고 하면 보통 $\frac{5}{12}$라고 답을 적는다. 처음 배우는 학생 입장에서는 통분하여 $\frac{5}{6}$라고 계산하는 게 이상한 계산이다. 오히려 분모끼리, 분자끼리 더하는 게 더 당연해 보인다.

그렇다면 루트는 어떨까? 루트는 피타고라스의 정리에서 등장한다. 피타고라스의 정리에 따르면 아래 그림 직각삼각형에서 $a^2+b^2=c^2$으로, 이는 작은 정사각형 두 개의 넓이의 합이 큰 정사각형의 넓이와 같다는 의미이다.

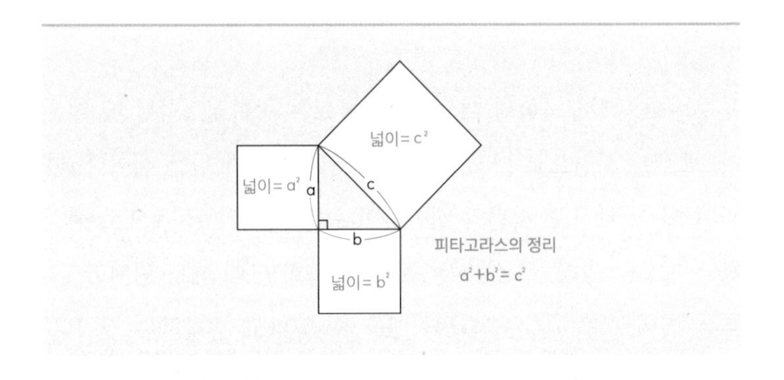

만약 여기서 a와 b가 1이라면 c^2의 값, 즉 큰 정사각형의 넓이는 2가 될 것이다. 그런데 우리가 알고 싶은 것은 큰 정사각형 변의 길이, 즉 c이다. 이를 수식으로 하면 $c^2=2$를 만족하는 c를 찾는 것이다. 당시에는 어떤 수를 대입해도 c를 찾을 수 없었다. 결국 이를 표현하는 새로운 표기법을 만들었는데, 바로 루트($\sqrt{\ }$)이다. 즉 다음과 같이 표현할 수 있게 되었다. $c^2=2$, $c=\sqrt{2}$이다.

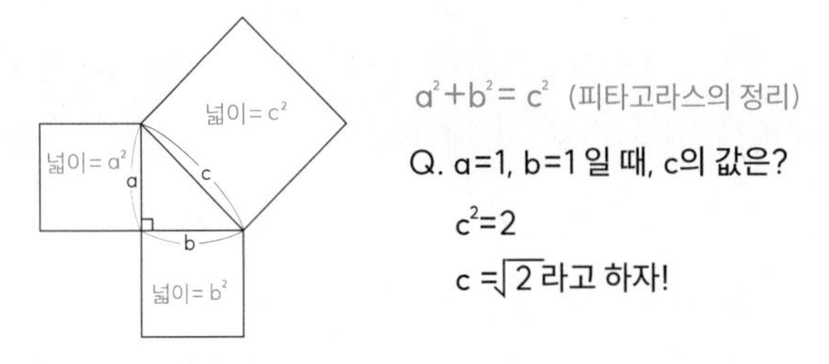

어느 날 나는 학교 교과서를 그대로 따라 하는 수업이 지루했다. 그러다 별생각 없이 초등학교 4학년 꼬맹이와 루트 수업을 시작했다. 생각보다 간단했다. $x^2=2$에서 좌변의 제곱이 사라질 때 우변에 루트를 씌우면 그만이기 때문이다. 루트를 씌우는 게 아직 어색하긴 해도 별다른 어려움은 없었다. 초등학교 4학년 꼬맹이는 어려움 없이 루트를 계산했다. 나는 실험 정신을 갖고 여러 명에게 똑같은 시도를 했다. 의외의 결과가 나왔다. 나는 이 경험을 통해 분수보다 루트가 더 쉽다는 결론을 내리게 됐다. 루트의 '덧셈' 역시 그랬다. 발단은 $\sqrt{2}+2\sqrt{2}$였다.

$$\sqrt{2}+2\sqrt{2}=3\sqrt{2}$$

독자에겐 이 내용이 당연하게 들릴지도 모르겠다. 그러나 실제로는 학생을 가르치면서 고생을 꽤 했다. 나야 워낙 많이 풀었으니 익숙했지만, 학생들에게는 매우 낯선 계산이었다. 우리가 $\sqrt{2}+2\sqrt{2}=3\sqrt{2}$를 자연스럽게 받아들이는 것은 이해했다기보다 '적응'했기 때문이다. 이 내용을 막상 학생에게 설명하자니 너무 난감했다. 그냥 계산해 보라고 말하면 대부분의 학생들은 $\sqrt{2}+2\sqrt{2}=3\sqrt{4}$라고 적는다. 학생에겐 모두 더하는 것이 익숙한 계산이었던 것이다. 이걸 어떻게 설명해야 제대로 이해시킬 수 있을까 하는 난감한 마음이 들었다. 그러다 일상생활에서 많이 보는 강아지를 활용해 보기로 했다. 강아지+2강아지=3강아지. 이 설명은 모두 쉽게 이해했다. 이렇게 강아지를 통해 연습한 후 $\sqrt{2}+2\sqrt{2}$를 소개하면 대부분 잘 이해했다. 문자 연산의 기본은 동류항이기 때문이다. 구체적으로 말하면, 핵심은 $x+2x=3x$를 이해할 수 있는가이다. 사실 동류항 개념은 일상생활에서 이미 아주 많이 사용하고 있다. '강아지, 강아지, 강아지'와 '고양이, 고양이'를 기르고 있다면 우리는 강아지나 고양이의 품종을 구별하지 않고 그냥 강아지 3마리, 고양이 2마리로 본다. 수학이라면 3강아지, 2고양이로 표현할 수 있다. 여기서 강아지와 고양이를 x, y로 바꿔 놓으면 그게 그냥 수학이다. 이때 강아지, 고양이가 동류항이다.

결론적으로 분수의 덧셈보다 루트가 더 가르치기 쉬웠다. 그럼에도 분수의 덧셈을 먼저 배우는 이유는 아까 말했듯이 교과의 구성상 먼저 나오기 때문이다. **따라서 교과 구성을 바꿀 수 있다면 루**

트를 먼저 배워도 아무 상관이 없다. 분수는 일상에서도 많이 다룬다. 그렇기에 분수는 일상의 영역에 맡겨 두고 학교에서는 그다음 단계로 나가는 것이 좋지 않은가? 모름지기 학교란 일상생활에서 다룰 수 없는, 학교가 아니면 배울 수 없는 것을 가르치고 배우는 곳이기 때문이다.

물론 내 의견에 동의하지 않는 사람도 있을 것이다. 학생들이 이를 제대로 이해할 수 있겠느냐 반문할 수도 있다. 사람들은 수학 공부를 할 때 이해하고 연습한다고 생각한다. 어느 정도 맞는 말이지만, 실제로 대부분이 그렇지는 않다. 수학은 어떤 면에서 우리가 말을 배우거나 걷는 과정과 유사하다. 체계적으로 배운다기보다 경험을 통해 익숙해지는 것이다. 예컨대 중학교 1~2학년 때 배우는 일차방정식과 음수는 중학생이 이해할 수 있는 영역이 아니다. (이에 대해서는 뒤에서 자세히 다루겠다.) $x+5=3$, $x=-2$로 풀었을 때 대부분 학생은 이해해서 풀었다기보다는 그저 가르쳐준 대로 공식에 대입해서 했을 뿐이다. 안타깝게도 학교 수학 대부분이 이런 식이다. 분수의 덧셈도, 루트의 계산도 경험을 통해 익숙해지게 할 뿐이다. 대부분의 학생은 분수의 덧셈보다 루트의 계산을 더 빠르게 익힌다. 믿기 어렵다면 직접 확인해보길 바란다.

분수보다 지수·로그가 쉽다

지수 · 로그도 다르지 않다. 분수보다 지수 · 로그가 쉽다. 지수 · 로그가 나오는 고등수학이 생각보다 쉬운 몇 가지 예를 들어 보겠다.

또 다른 예 $2^x=3$과 $x=\log_2 3$를 살펴보자. $2x=3$, $x^2=3$, $2^x=3$이라는 세 가지 수식이 있을 때 모두 비슷한 조건이다. 비슷한 조건을 연관 지어 설명하기 위해서 든 예시로, 이때 x주변에 있는 2를 없애려면 각각 2로 나누거나 $\frac{1}{2}$ 제곱을 해주거나 로그(log)를 취해 주면 된다.

$2x=3$에서 x를 구하려면? $x=\frac{3}{2}$

$x^2=3$에서 x를 구하려면? $x=\sqrt{3}$

$2^x=3$에서 x를 구하려면? $x=\log_2 3$이다.

로그는 대단한 수학 이론이 아니라 수를 표기하기 위한 하나의 도구일 뿐이다. 로그는 배우는 난도가 높을 것으로 예상하지만 의외로 학생들이 수월하게 받아들인다. 지수 · 로그의 방정식도 마찬가지다. 예컨대 $2^x=2^{-x+2}$라는 지수방정식이 있다. 지수방정식은 교과 편제상 고2 때 배우게 된다. 그러나 그건 어디까지나 교과 구성을 놓고 볼 때 그러할 뿐이고, 학생을 가르치는 입장에서는 얼마든지 더 일찍 가르칠 수 있는 것이다. 즉 $x=-x+2$라는 일차방정식을 했다면 곧이어 $2^x=2^{-x+2}$ 의 방정식도 풀 수 있다.

일차방정식을 그대로 적용하여 답은 $x=1$이라고 도출할 수 있다. 로그방정식 $\log x=\log(-x+2)$에서도 일차방정식이 그대로 적용되는 것은 마찬가지다. 이러한 흐름으로 가르치면 방정식에 대한 이해도 더욱 높아진다.

이를 다음의 중2 문제와 비교해 보자.

다음을 계산하시오.

(1) $\left(+\frac{5}{4}\right)+(-3)-\left(-\frac{11}{4}\right)$ (2) $(-4)-\left(+\frac{7}{3}\right)+(+3)-\left(-\frac{8}{3}\right)$

이런 문제는 조금 억지스러운 면이 있다. 수와 기호가 얽혀 있어 어렵고, 복잡한 문제이다. 나의 생각이지만 중1 무렵부터 이런 문제를 풀 이유는 없다고 생각한다. 또한 이런 문제는 고등학생이 되어도 별로 나오지 않는다. 그런데도 이런 문제를 풀어야 하는 이유가 있다. 중1 수학 교과과정은 사실 가르칠 내용이 많지 않다. 그런데도 수업 진도가 빠르지 않다. 진도를 빨리 나가면 안 된다는 사회적 분위기 때문이다. 그래서 이런 억지스러운 심화 문제를 만들어서 풀게 하는 것이다. 우리나라 수학 교육의 비극은 적당히 놀면서 공부하도록 만들어 놓은 교과서를 학원 등을 통해 스파르타식으로 공부를 한다는 점이다. 시간낭비가 아닐 수 없다.

위와 같은 문제를 반복해서 풀기보다는 그 시간에 선행학습을 통해 보다 전반적인 수학의 이해와 계산 실력을 키우는 편이 옳다고 본다.

수열도 초등학생이 풀 수 있다

수열도 단골 소재이다. 수열은 수라는 구체적인 대상을 다루기 때문에 학생이 친근하게 여긴다. 하지만 교과 편제로 인해 고2가 되어서야 등장한다. 수열의 극한을 다루는 탓이다. 이 역시 교과 구성은 그대로 두고, 우리는 우리 나름대로 교과를 재구성하면 된다. 예를 들어 다음의 $1+3+5+7+9+11$ 등차수열의 합을 구해 보자. 등차수열의 특징은 각 항의 간격이 같다는 점이다. 따라서 $1+11, 3+9, 5+7$의 값은 12로 모두 똑같다. 그럼, 답은 $12 \times 3 = 36$이다. 이건 초등생이 잘하는 문제이다. 초등생은 문자 없이 이런 문제를 다루는데, 여기에 문자를 살짝 집어넣으면 곧바로 고등수학이 되는 것이다. 물론 이를 고등학생처럼 문자를 사용해서 일반화하고 식으로 풀라고 하면 초등학생에게 어려울 수 있다. 그러나 위의 예시처럼 한다면 초등학생들도 얼마든지 고등수학을 중학 수학의 관점에서 공부할 수 있다고 본다. 초등학교 시절, 굳이 어려운 개념을 사용하지 않고 이렇게 다른 관점에서 수학 문제를 풀어본 경험 해본 학생과, 그저 수능 때까지 교과 순서대로 공부하기만 한 학생들은 수학을 대하는 태도 자체가 다르게 된다.

지금까지 루트, 지수 · 로그, 방정식, 수열의 예시로 교과과정 재구성의 가능성을 살펴보았다. 앞서 든 예로 근거는 충분하다고 생각한다. 다만 이미 익숙해진 수학 교과과정을 얼마나 합리적이고 냉철한 시선으로 새롭게 볼 수 있을는지 우리의 선택만이 남았을 뿐이다. 때로는 지금의 익숙함에서 벗어나 새로운 시도를 모색해야만 하는 순간이 있다. 그저 남들이 하는 대로, 익숙한 대로, 알려주는 대로 따르는 것이 늘 정답은 아닌 까닭이다. 지금이야말로 우리 아이의 수학 공부를 위해 어떤 과정을 먼저 가르쳐야 할지, 정확하게 판단하고 현명하게 선택하는 용기가 절실히 필요한 때이다.

KTX는 모든 역에 정차하지 않는다

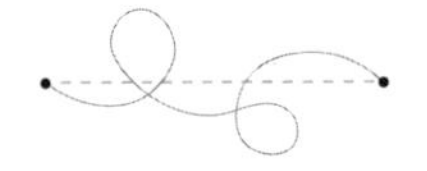

다시 KTX 이야기로 돌아가 보자. 예전에는 무궁화호, 새마을호를 타고 서울에서 부산까지 가려면 꼬박 하루가 걸렸다. 그런데 KTX가 생기면서 상황이 달라졌다. 이제 부산 정도는 3시간이면 가고, 새벽에 출발하면 부산에서 일정을 마친 후 다시 서울로 올 수도 있다. 그야말로 하루 생활권이 된 것이다. 그런데 KTX가 진정한 의미의 KTX가 되려면 중간에 정차하는 역을 최소화해야 한다. 너무 많은 역에 선다면 KTX를 탄 의미가 사라지기 때문이다.

학교 수학도 마찬가지다. 서울에서 부산까지 가는 길은 정확히 초등학교 4학년에서 고등학교 3학년 수능까지 가는 경로와 같다. KTX가 원하는 목적지로 되도록 빨리 가야 하는 것처럼, 초등학교 4학년~고등학교 3학년 수능으로 가는 과정에서도 정차하지 말아야 할 역이 있다. KTX는 시장 논리가 작동하는 만큼 이윤이 보장되지 않는 정차역은 건너뛴다. 반면 학교는 교육이라는 핑계 아래 '온정주의'가 만연하다. 그런데 이렇게 해서 정작 피해를 보는 대상은 누구일까? 그렇다. 수학에 특별한 재능이 없는 일반적인 수준의 학생들이다.

우리 아이들은 안타깝게도 학교에서 시키는 대로 무수히 많은 정차역에 들르고 있다. 그러다가 고등학교 1~2학년 무렵부터 짧은 기간 동안 대입의 가장 중요한 부분을 배운다. 상황이 이렇다 보니 수능 수학 문제를 풀기가 어려운 것이다. 따라서 만약 수학 도착지가 '대입'으로 정해졌다면, 초등학교 4학년에서 고등학교 3학년 수능으로 가는 과정에서 쓸데없는 정차역을 줄여야 한다. 그리고 수능 수학을 위한 핵심 내용을 우선으로 공부해야만 한다. 이렇게 하면 분명 좀 더 효율적으로 공부할 수 있다.

목적지에 최대한 빨리 도착하라

우리는 초등학교 6년, 중학교 3년, 고등학교 3년 총 12년 동안 수학을 공부한다. 그런데 최종 목적지는 어디인가? 바로 '수능'이다. 수능이 목적지라면 최대한 빨리 그곳에 도달하는 게 가장 효율적인 공부 방법일 것이다. 그렇다면 12년 수학 교과과정에서 어떤 부분을 핵심적으로 공부해야 할까?

대표적인 예가 방정식이다. 중학교 1학년부터 고등학교 1학년 정도까지 정말 산더미 같은 방정식 문제들이 있다. 일단 방정식 종류만 해도 일차방정식, 연립방정식, 부등식, 이차방정식, 지수 방정식 등이 있다. 그런데 방정식을 어떻게 구분할지에 대한 기준은 전부 제각각이다. 극지방에 사는 에스키모는 10가지가 넘는 말을 사용하여 눈雪의 유형을 구분한다고 한다. 그러나 온대 지방에 사는 대한민국 사람 대부분은 눈을 종류에 상관없이 그냥 눈으로 표현한다. 마찬가지로 방정식을 여러 가지로 구분할 것인가 아니면 그냥 방정식으로 통칭할 것인가는 우리의 기준점에 따라 달라진다.

방정식의 통폐합과 축소가 가능하다고 생각하는 이유는 다음과 같다. 바로 **방정식 계산의 중복 때문이다.** 앞서 말한 것처럼 $x=-x+2$, $2^x=2^{-x+2}$, $\log x=\log(-x+2)$는 모두 같은 계산이다. 그렇기에 따로따로 배울 이유가 전혀 없다. 그리고 방정식은 결국 대수 연산인데 대수 연산은 굳이 방정식이 아니더라도 함수 등에서 차고 넘치도록 계산하기 때문이다. 대수의 관점에서 보면 함수와 방정식은 사실상 같다. $y=x+1$이라는 함수에서 x절편과 $y=0$일 때, x값을 구한다면 이는 곧 $0=x+1$이라는 방정식을 풀게 되는 셈이다. 이런 식의 계산은 고등학교 함수와 미적분 시간에 수도 없이 반복한다. 그러니 중학교 때 굳이 많은 시간을 할애할 필요가 있을까?

내가 KTX를 운영하는 사장이라고 가정하고 이윤이 남지 않는 정차역은 가차 없이 폐쇄한다는 구조 조정의 관점에서, 방정식을 재구성해 보겠다. 그러면 방정식의 단원은 다음과 같아진다.

Ⅰ. 방정식의 소개

Ⅱ. 여러 가지 방정식

Ⅲ. 응용

이렇게 하면 중간에 있는 쓸데없는 정차역은 모두 사라질 것이다. 일차방정식, 이차방정식, 연립방정식과 일차부등식은 모두 방정식의 일종이다. 이들을 굳이 세세하게 분류해서 비루한 계산식을 무한 반복할 필요가 없다. 이걸 세분화해서 가르치고 뭔가를 했다고 자부한다면, 서울에서 부산까지 100개의 역을 지나는 KTX를 탔다고 생각하면 된다. 이런 KTX는 구조 조정하는 게 경제적으로도, 국가적으로도 옳다. 마찬가지로 현재 수능 수학까지 가는 길이 너무 복잡하다면, 우리는 수학의 지름길을 내어 하루라도 빨리 목적지로 향해야 한다.

'차근차근' 공부하지 마라

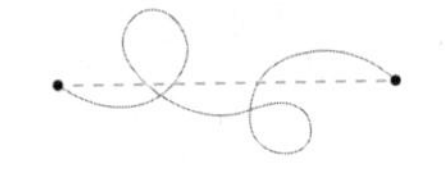

과거에는 지식을 익히는 주요 수단이 책이었다. 나는 어렸을 때 동네 조그만 책방을 즐겨 다니곤 했는데 책방에는 수백에서 수천 권의 책이 있었고, 그 책 전부를 읽고 말겠다는 꿈을 꾸곤 했다. 이후 고등학생, 대학생이 되면서 자연스레 즐겨 찾는 곳도 책방에서 도서관으로 바뀌었다. 그러자 접하는 장서의 규모가 달라졌다. 그러나 여전히 변하지 않는 키워드가 있었다. 바로 '책'이다.

어릴 때와 비교하면 지금은 종이책을 거의 보지 않는 편이다. 물론 종이 신문도 마찬가지다. 여전히 수많은 기사를 읽고 책을 보지만, 종이가 아니라 디지털을 통해서다. 종이와 디지털의 차이는 정보를 처리하는 방식에 있다. 예전에는 책을 관통하는 기조가 '차근차근' 또는 '순차성'이었다. 종이책은 차례대로 정독하는 사람이 많다. 그러나 디지털 시대에는 다르다. 일단 검색하고 쉼 없이 목적한 키워드를 찾아 자료를 선별한다. 차례로 읽는 게 아니라 목적한 바에 따라 읽는다. 포털 사이트 뉴스도 마찬가지다. 포털 사이트에 나오는 뉴스를 차례대로 읽는 사람은 없지 않은가? 이처럼 디지털 시대는 정보를 검색하고, 정보의 우선순위를 부여하며, 중요한 것과 그렇지 않은 것을 선별하는 행위가 요구된다.

수학 공부도 마찬가지다. 공부해야 할 것과 하지 말아야 할 것, 먼저 해야 할 것과 나중에 해야 할 것을 분명히 구분해야 한다.

학교와 교과서는 온실 하우스와 같다. 하우스는 비바람을 막아주고 농작물을 보호한다. 그러나 멧돼지의 습격이나 장마나 우박 같은 천재지변에 매우 취약하다. 학교와 교과서가 이와 비슷하다. 학교는 주변 환경에 뭐라고 하던지 교과서 1쪽부터 차례차례, 차근차근, 샅샅이 훑어가는 것을 미덕으로 생각한다. 그러나 우리에게는 목표가 있다. '수능'이라는 목표 말이다. (물론 내신으로 대학을 가려는 학생들도 있겠지만 결국 수능과 모의고사 기출문제를 참고한 문제들이 내신에도 나오며 수시에서 요구하는 수능 최저학력기준 또한 아직 무시할 수 없다.)

만약 당신이 KTX를 탔는데 많은 정차역에 들른다면 여러 가지를 할 수는 있다. 각종 지역 특산물을 사거나 잠시나마 둘러볼 시간적 여유가 생길지도 모른다. 그러나 그만큼 목적지에 도착하는 시간이 늦어지며, 목적지에서 활동할 시간이 줄어든다.

우리의 목표가 계획없는 여행이 아니라 목적지에 도착하는 것이라면, 목적지에 집중해야 한다. 그래야 평범한 두뇌를 가진 학생들이 수학적 재능이 있는 학생을 따라잡을 수 있게 된다.

차근차근 공부한 대가는 참혹하다

차근차근 공부하는 것의 맹점에 대해 더 구체적으로 살펴보자. 세상만사가 그렇듯 당신이 무언가를 선택했다면 이는 곧 다른 무언가는 포기한 셈이다. 이를 '기회비용'이라 한다. 수능의 관점에서 보면 중등 수학을 차근차근 공부한 기회비용의 대가는 치명적이다. 수능은 결정적으로 고등학교 2~3학년 수학을 다룬다. 그런데 중학교 수학의 대부분은 고등학교 2~3학년 수학과 별 상관이 없다. 어쩌면 일선에서 학생을 가르치는 교사와 강사의 상당수는 이런 견해에 동의하지 않을지도 모르겠다. 그러나 내 생각은 다르다.

앞서 언급하였듯이, 중학교에서 배우는 방정식을 전부 하나로 묶어 '방정식'으로 이름을 붙이고 그냥 간단히 넘어가라고 말하고 싶다. 그 시간을 아껴 고등학교 2~3학년 수학을 공부할 시간을 벌라는 의미에서다. 이는 구구단과 방정식의 관계와 같다. 구구단을 열심히 외운다고 해서 이차방정식을 푸는 데 아무런 도움도 되지 않는다. 예를 들어 34×27과 같은 계산은 고등학교에서 거의 하지 않는다. 고등학교 수학은 34×27을 못하는 학생을 대상으로 문제를 출제하지 않는다. 이런 쉬운 계산은 당연히 할 줄 안다는 전제하에 다음 단계의 수학적 능력을 평가한다. 따라서 34×27이라는 계산을 할 줄 알아야 하지만, 그것을 풀 수 있을지 아닐지는 학생이 좋은 성적을 받는 것과 아무런 상관이 없다.

중학교 수학 대부분이 그렇다. 중학교 수학의 10%만 알아도 고등학교 수학을 하는 데 아무런 지장이 없다. 이렇게 말하면 어떤 사람은 '그런데 왜 공부하는가?'라는 의문을 제기할 수도 있다. ATM을 예로 들어 보자. 우리는 얼마 전까지만 해도 직접 ATM에서 현금을 뽑아 사용하곤 했다. 하지만 지금은 예전만큼 ATM에서 입금이나 인출을 많이 하지 않는다. 그런데도 ATM이 여전히 존재해야 하는 이유는 급변하는 사회 발전에 뒤처지는 노약자가 있기 때문이다. 오프라인 은행이 그러하고 인적 드문 시골에 버스가 다니고 열차가 서야 하는 이유도 마찬가지다. 이런 점에서 우리는 '학교를 유지하기 위해' 방정식도 배우고 삼각형의 내심과 외심도 배워야 하는 것일지도 모른다.

성공하는 공부법은 심플하다

학교 선생님은 학생에게 어떤 부분을 공부하지 말라고 말하기 어려울 것이다. 그러나 나는 학원에서 학생들에게 수능이라는 목표에 맞게 심플하게 공부하라고 조언한다. 앞서 말했듯이 수능 수학의 관점에서 보면 중등 수학의 10% 정도면 충분하다고 여기기 때문이다. 다시 말해 당신의 자녀가 앞서 말한 방식, 즉 차례차례 공부하는 방식으로 시간을 보낸다면 고등학교 2~3학년이 되었을 때 수학 문제 풀기가 상당히 어려워질 것이다. 그 정도의 숙련이 되지 않기 때문이다.

물론 가능한 방법은 있다. 지금 우리가 하는 방식이다. 모든 학교와 학원에서 하는, 바로 '죽도록' 공부하는 것이다. 일주일에 몇 번 몇 시간씩 학원에 가서 내신도 하고, 선행도 하고, 정시도 한다. 이렇게 공부한 뒤 공부한 내용 중 일부를 수능 시험 범위로 정하고 시험을 본다. 얼마나 비효율적인가? 그런데도 많은 학생이 이런 공부 과정을 거친다. 자신도 모르게, 남들도 다 그렇게 한다는 이유로 실패할 수밖에 없는 공부를 답습하는 것이다.

학생이나 학부모는 흔히들 착각한다. 학교 교과가 수능이라는 목표에 맞게 구성되었을 거라는 오해이다. 굳이 수능이 아니더라도 어떤 목표를 설정하고 공부할 때, 이런 착각으로 인해 공부계획과 순서가 틀릴 가능성이 매우 크다. 이를 바로 잡아야만 목표한 바를 확실히 이룰 수 있다. 그러기 위해서는 다음 몇 가지 사항이 반드시 전제되어야 한다.

수학의 지름길에 올라타는 공부방식의 3가지 조건

첫째, 일단 시험 범위를 정확히 확인해야 한다. 수능을 목표로 한다면 중학수학 대부분은 시험 범위가 아니란 사실을 알아야 한다. 대개는 중학교 수학을 열심히 해야 고등학교 수학을 잘할 수 있다고 여긴다. 전혀 그렇지 않다. 일례로 중3 때 나오는 〈원과 비례〉 단원은 고등수학에서 거의 나오지 않는다. 원과 비례는 물론이고 중학 수학 대부분이 사실상 이러하다. 만약 학교 교과를 무시하고 수능만을 목표로 하여 커리큘럼을 구성한다면 나는 현행 중학 교과를 15% 정도로 줄일 수 있다고 본다.

이런 구성도 생각해 볼 수 있다. 일종의 맛보기식 단원 구성이다. 고1 수학에 나오는 〈나머지정리〉나 〈허수〉, 〈집합과 명제〉 등이 이에 해당한다. 이런 단원이 불필요하다는 뜻이 아니다. 허수는 수체계의 새로운 지평을 열었다는 점에서 의미가 있고, 집합은 현대 수학의 토대가 될 정도로 중요한 분야이기도 하다. 다만 이런 단원이 점차 교과 감축의 차원에서 줄어들다 보니 듬성듬성 빠지다가 이제는 뼈만 앙상하게 남은 모양새가 됐다. 그런 상태에서 가르치고 배우려니 서로가 민망할 정도다. 이런 단원들을 맛보기 단원이라 칭한다면 이런 유형의 단원이 교과에 꽤 많다는 사실을 발견하게 된다. 그럴 거면 차라리 교과 구성에서 아예 빼거나 빠르게 훑고 지나가는 편이 옳다고 본다. 이런 불필요한 학습을 줄임으로써 효율적으로 수능이라는 목표에 더 가까워질 수 있기 때문이다.

둘째, 이른바 '계통'적인 접근 방식을 시도해야 한다. 예를 들어 방정식을 공부할 때는 그냥 통으로 묶어서 한꺼번에 끝내길 권한다. 중1 때 '일차방정식'을 한다면 바로 이어서 '이차방정식', '삼차방정식', '지수 · 로그 방정식'을 공부하면 좋다. 다행히 방정식은 수능에서 어려운 문제가 거의 출제되지 않기에 이렇게 공부해도 무방하다.

셋째, 마지막으로 모의고사 풀이법을 추천한다. 많은 학생이 대부분 학년별로 구성된 문제집을 풀고 있다. 나는 그보다 아예 처음부터 모의고사 시험지를 갖다 놓고 푸는 방법을 추천한다. 앞에서 말한 것처럼 지수 · 로그를 공부했으면 고2~고3 모의고사 시험지를 풀어 보는 것이다. 이렇게 하면 고2~고3 시험지가 생각보다 어렵지 않음을 직접 느끼게 되고, 수능에 대한 보다 빠른 이해를 도울 수 있다. (단, 이 경우는 교사의 적절한 지도가 필요하다. 교사가 리드하면서 문제를 적절히 선별하고 해설할 필요가 있다.)

만약 당신이 공부에서, 특히 수능에서 성공하고 싶다면 KTX에 올라타라. 그리고 불필요한 역은 과감히 패스하고, 위의 방법으로 수능 수학으로 가는 가장 빠른 길을 선택하라. 그것이 대한민국 입시에서 성공하는 지름길이라고 거듭 강조하고 싶다.

목표가 없으면
입시가 장기화된다

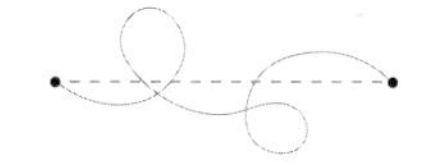

중학교 1학년 무렵 나는 운동장에서 시간을 많이 보냈다. 학교 수업을 듣고 매일 운동장에서 뛰어논 후 집에 돌아와 적당량의 복습과 예습을 하고 일과를 마쳤다. 그것만으로도 전교권 성적을 유지했는데, 비법은 바로 열심히 수업을 듣는 것이었다. 학교 수업은 기승전결과 같이 단계적으로 진행되었다. 당시에는 학원이나 인터넷 강의가 없어서 학교 수업이 아니면 달리 공부할 방법이 없었다. 나는 학교 수업을 열심히 듣는 모범생이었고 그중 어떤 내용은 지금도 뚜렷이 기억한다. 학교 수업을 듣는 것으로 학교 시험, 나아가 학력고사를 보는 데 부족함이 없었다.

중학교에 들어갈 때는 간신히 알파벳 정도만 마친 수준이었다. 그러나 반에는 이미 상당한 수준의 영어를 구사하는 학생이 적지 않아서 나는 주눅이 들었다. 그들의 유창한 발음이 부러울 때가 많았다. 그런데 이게 웬일인가. 4월 말쯤 중간고사를 치렀는데 100점을 받았다. 반면 내가 부러워했던 유창한 발음을 구사하는 여러 학생은 낭패를 본 모양이었다. 이 일이 가능했던 이유는 시험이 학교 수업을 토대로 출제됐기 때문이었다.

이런 일은 학력고사에서도 벌어졌다. 학력고사 또한 학교 수업을 토대로 문제가 출제되었고 나름 노력한 만큼의 결과를 얻을 수 있었다. 학력고사에서 경쟁한 전국 수십만 명의 학생 중 학교 수업에 충실했던 사람만이 이런 결과를 얻었을 거다. 이때까지만 해도 학교 수업이 전부인 줄 알았다.

선행학습이라는 우회로

90년대가 되면서 변화가 감지되기 시작했다. 사람들은 학생, 학교, 시험이라는 익숙한 경로 대신 다른 통로를 도모하기 시작했다. 일부의 부모는 사교육을 통해 자녀를 공부시킨다면 그렇지 않은 다른 학생보다 더 좋은 성적을 얻을 수 있을 거로 생각했다. 사교육, 선행학습이라는 우회로는 그렇게 만들어졌다. 사교육의 핵심은 선행학습이었다. 나는 개인적으로 선행학습을 긍정적으로 보는 편이다. 선행학습을 부정한다는 것은 사실상 공부를 부정한다는 의미가 내포되어 있다고 생각한다.

현재의 선행학습은 매우 단순하다. 공부해야 할 내용을 좀 더 빨리 반복하자는 것에 불과하다. 굳이 이름을 붙이자면 '단순반복형 조기 선행학습'이라고 부를 수 있겠다. 이 단순한 방식은 여러 사회 조건과 맞물려 파란을 일으켰다. 이 파란은 교육 문제에 그치지 않고 사회 전반에 큰 파장을 일으켰다.

선행학습의 사회적인 파장

첫째로 학생의 인생 주기가 3년 정도 빨라졌다. 나는 주로 초등학교 4학년에서 중학교 1학년 학생을 가르치는데, 40년 전 내가 고등학교 1~2학년 때 배웠던 내용을 가르치고 있다. (그럴 수 있는 이유는 40년 전 교과서와 지금의 교과서가 단 한 글자도 달라지지 않았기 때문이다. 믿지 못하겠지만 토씨 하나도 달라지지 않았다.) 40년 전 '고등학교 1학년' 수학을 지금의 '중학교 1학년'이 공부하는 것이 이상한 일은 아니다. 반대로 40년 전 고1 교과서를 아직도 고1 정도의 학생들이 공부한다는 사실이 오히려 불합리한 것이다. 그만큼 현재 학생의 지적 수준은 예전에 비해 전반적으로 올라갔다. 실제로 학생을 가르쳐 본 소감과 느낌이 그러하다. 따라서 학생의 지적 수준에 맞게 교과서도 개편하고 시험도 다르게 내고 궁극적으로 인생 주기도 바꿔야 한다. 그렇게 하지 않으면 문제가 발생한다. (이에 대해서는 아래에서 더 구체적으로 다룰 예정이다.)

중학교 1학년 정도만 되어도 웬만하면 고등학교 수학을 풀 수 있다. 다시 말하면 중등 수학 전체는 공부하지 않거나 요약해서 공부해도 문제가 없다는 뜻이다. 40년 전의 나라면 어지간히 한 공부를 토대로 1~2년간 준비해서 학력고사를 치렀을 것이다. 그런데 요즘 학생은 이미 '단순 반복형 조기 선행학습'을 통해 중학교 1학년 정도에 고등학교 1학년 수학을 한 상태이다. 이 학생은 앞으로 무려 5~6년간 입시를 준비하게 된다. 적어도 3년 정도는 무의미한 시간 낭비를 하게 되는 셈이다.

둘째로 킬러 문제(어려워서 정답률이 낮은, 초고난도 시험문제)**가 등장했다.** 킬러 문제에 대한 소회를 밝히기 전에 먼저 킬러 문제가 등장하게 된 배경과 문제점을 설명하고자 한다. 2016년 수능부터 시험문제가 어려워지는 듯하더니 그 이후부터 이른바 킬러 문제가 대두되었다. 문제가 어렵다고 해서 무조건 탓할 일은 아니다. 킬러 문제의 쟁점은 문제 자체가 산만하고, 상위 수학과의 연계가 파괴되었다는 데 있다.

킬러 문제가 산만하다는 뜻은 좋은 문제가 아니라는 의미이다. 본래 좋은 문제란 배우는 과정에서 기본이 됨은 물론, 중요한 문제를 테스트하는 평가여야 한다. 이 두 가지를 충족해야만 좋은 문제라고 볼 수 있는 것이다. 그런데 요즘은 학생이 공부를 너무 많이 한 탓에 정작 기본이 되고 중요한 문제를 출제하는 것만으로 변별할 수 없어졌다. 시험 범위를 늘리는 대안이 있지만, 교육 내용을 감축하고 사교육을 억제해야 한다는 사회적 목소리가 높아졌다. 그러자 교육계는 시험 범위는 적은데 변별은 해야 하는 진퇴양난에 빠졌다. 이런 배경에서 만들어 낸 궁여지책이 바로 킬러 문제다. 이처럼 킬러 문제는 기형적인 교육제도에서 비롯되었기에 결코 좋은 문제라고 할 수 없다.

킬러 문제의 또 다른 문제점은 대학 교육을 비롯한 상위수학과의 연계가 완전히 파괴되었다는 점이다. 수학은 결국 상위수학인 아인슈타인의 '상대성 이론'과 슈뢰딩거의 '파동 방정식'을 수학적 지식을 통해 유도하기 위함이다. 수학적으로만 보면 이런 복잡한 수학, 상위수학으로의 유도가 생각보다 그렇게 어렵지는 않다. 킬러 문제를 푸는 수고의 30% 정도면 충분하다. 그런데도 킬러 문제는 이런 개념의 방정식이나 상위수학과는 아무런 연계가 없는, 교육의 본질에서 벗어난 '문제를 위한 문제'이자 그저 숫자 놀이에 불과한 문제이다.

이런 문제 유형은 기형적인 교육제도에서 비롯된 것이기에 개선되어야 마땅하다. 그렇기에 2024년도 수학능력시험에서 이런 킬러 문제가 배제되었다는 사실은 의미하는 바가 크다. 〈한국교육과정평가원〉은 2025년도 수학능력시험에서도 최대한 킬러 문제를 배제하고 공교육 중심의 적정 난이도를 갖춘 문항을 출제하겠다고 발표했다. 뒤늦게라도 킬러 문제를 없애겠다고 한 것은 다행이라고 생각한다. 그렇지만 여전히 교육과정상의 근본적인 과제는 남아 있다.

셋째로 출산율에 영향을 미쳤다. 인생의 모든 영역에서 기회와 후회는 공존한다. 무언가를 선택했다면 다른 무언가를 취할 기회는 사라지는 것이다. 인생은 무수한 선택과 손절매로 이뤄진다. 제한된 정보를 바탕으로 선택하고, 설령 이 선택이 잘못된 선택이라 하더라도 적당히 묻어 두고 다음을 기약하는 것이 인생이다. 반면 교육에서는 이런 상식이 무너진 지 오래다. 한계상황을 넘은 지 오래임에도 직접적으로 와 닿지 않는 이유는 그런 부담을 후대 세대에게 떠넘겼기 때문이다.

부모는 사교육비에 상상을 초월하는 금액을 지출한다. 자녀는 10개가 넘는 학원에 다니고, 부모는 자녀의 더 나은 교육환경을 위해 좋은 학군이 있는 곳으로 이사 간다. 이 비용을 충당하기 위해 부모는 투잡, 쓰리잡 또는 아르바이트를 한다. 그런데 문제는 너무 높아진 사교육비(양육비) 때문에 후대 세대가 출산을 망설인다는 점이다.

우리나라에 본격적으로 저출산 문제가 대두된 지 20년이 넘었다. 2000년대 후반에 태어난 아이는 이제 입시를 치를 나이가 됐고, 지금 내 학생들은 그들보다도 어리다. 나는 교육의 현장에 있기에 저출산 문제의 심각성을 피부로 느낀다. 사회는 진보와 보수 같은 정치적 맥락보다는 인구, 기후, 지리 등의 근본적인 원인에 의해 변한다. 한국은 이런 변화의 상황에 놓인 지 오래인데, 인구 변화 즉 저출산을 야기하는 원인 중 하나로 사교육비의 부담이 거론되는 점이 매우 안타깝다.

미성숙한 청년의 양산

한국 교육의 최대 문제점은 입시, 시험이 끝나면 모든 게 끝난 것처럼 반응한다는 점이다. '입시 장기화'는 저출산 문제에 준하는 사회현상이다. 예전에는 시험을 보고 원하는 결과가 나오지 않으면 재수, 삼수 정도를 했다. 그런데 지금은 N수생이 만연하고, 20대 전체가 입시생인 것처럼 보일 정도다. 중학교 1학년 때부터 공부했다고 치면 자그마치 10년 이상 입시생으로 머물러 있는 상태이다.

학생 대부분은 무의미한 공부를 너무 오래 한다. 수능에 출제되는 수학 문제는 시험을 위해 고안된 인위적인 문제들이다. 수학은 대학에 가서 수학, 공학, 경제학을 공부하기 위해 하는 것이다. 수능 만점을 받을 공부량이면 고등학교 때 대학 공학 수학 상당 부분을 할 수 있을 정도다. 물론 시험이라는 제도가 변별을 위해 반드시 미래에 소용되지 않더라도 공부해야 하는 측면이 있다. 그러나 그 기간은 최소화할 필요가 있지 않을까?

학원을 운영하다 보면 학부모가 자녀의 스케줄을 꼼꼼히 관리하는 모습을 자주 보곤 한다. 혹여 학생과 수업 시간을 조정하려고 하면 어김없이 엄마와 상의해야 한다고 하거나 심지어 엄마가 정하시면 그에 따르겠다고 말한다. 요즘은 아버지가 자녀를 관리하는 경우도 심심치 않게 볼 수 있다. 가장으로서 교육비를 대기에 그럴 수도 있겠다 싶다. 그러나 한편으로 스케줄 관리는 권력관계를 보여주고 대변하는 지표이다. 자녀가 스케줄 관리를 엄마에게

넘겼다는 것은 마땅히 배워야 할 상황이나 결정 사항을 스스로 판단하고, 그것에 맞게 자기 인생을 결정할 능력 자체를 배우지 못했음을 의미한다.

학생이 학교에서 배워야 할 여러 가지 요소 중 하나는 '결정권'이다. 학교에서 배워야 할 여러 덕목 중 가장 중요한 사항이다. 그런데 미성숙한 청년은 자기가 결정해야 할 일을 스스로 결정하지 않고 무려 10여 년 동안 부모에게 맡겨 버린다. 그래서 군대에 간 아들, 직장에 취직한 딸의 문제 또한 엄마가 나서서 대신 판단하고 대리 결정하는 것이다.

미성숙한 청년이 늘어난다고 비난하고자 하는 얘기가 아니다. 다만 교육 현장에서 쓸데없는 공부를 엄청나게 하면서도 정작 중요한 문제에 대한 결정권은 없는 20대 청년들이 대거 생겨나고 있다는 점이 그저 안타까울 뿐이다. 인류의 역사는 청년, 특히 부모의 시대를 거부하고 새로운 반역과 도전을 선택한 청년들에 의해 발전했다. 길가메시 서사시의 내용을 보면 그러하고 알렉산더, 광개토대왕도 마찬가지다. 반면 부모에 순응해 온 지금의 청년들이 만약 고빗길을 만난다면 과거의 청년이 그랬던 것처럼 스스로 판단하여 결단력 있는 행동을 할 수 있을는지 걱정이다.

N수생의 만연

대학에 들어가는 경로는 여러 가지다. 일단 정시가 있고 수시가 있다. 그런데 정시를 좌우하는 것은 수능이다. 수능은 재수생, N수생에게 절대적으로 유리한 시험이다. 시험 범위는 정해져 있으니 반복 숙달된 사람이 잘 볼 수밖에 없다. 따라서 수능의 핵심 키워드는 숙련도이다. 만약 수능이 진짜 사고력을 측정하는 시험이라면 재수생이 지금처럼 강세를 띠기 어려울 것이다.

수능은 머리로 하는 단순 반복 행위 그 이상도 이하도 아니다. 머리로 하기는 하는데, 창의적인 아이디어나 발상은 다 빼고 짧은 시간에 누가 더 많이 외웠는가를 보는 것이다. 물론 창의적인 시험 문제가 있긴 하다. 그런데 이런 문제 대부분을 기존의 참고서가 유형화하여 문제집으로 이미 만들어 버렸다. 출제자가 창의적인 문제를 내는 속도보다 이를 기계화하여 암기 수학으로 만들어 버리는 사교육의 속도가 훨씬 빠르다. 따라서 **정시는 수능에 익숙한 재수생, N수생들이 잘 보는 시험이다.** 실제로 2020~2023학년도 서울대, 연세대, 고려대 정시 모집 합격자 자료를 분석한 결과를 보면, 정시합격자 중 N수생은 61.5%였고 재학생은 36.0%이었다.* 이는 2016~2018년도 N수생 비율(53.7%)보다 7.5% 늘어난 수치이다.

예전에는 입시에 실패하면 재수 또는 삼수 정도를 했다. 특별한

* 남지원, "N수생에 밀리고, 수도권에 치이고…지방 고3 'SKY 정시 합격' 7.9%뿐", <경향신문>, 2023.04.27

경우를 제외하고는 사수 이상을 하는 경우가 드물었다. 그러나 지금은 반수, 재수, 삼수는 물론 사수 이상을 흔히 볼 수 있고 이를 개념화한 'N수생'이라는 용어도 등장했다. N수생의 만연은 입시를 넘어 국가적인 문제이다. 20대 초중반의 너무 많은 청년이 사회에 진출하지 않고 입시생의 신분을 유지하고 있기 때문이다. 교육은 산업 인력 정책을 포함한 인생 주기(사이클)의 한 부분이다. 입시생이 많다는 것은 긴 인생 여정에서 교육, 입시 부분이 과도하게 팽창되어 있음을 의미한다. 이는 국가적 관점에서도 문제다. N수생이 범람하는 형태의 입시는 시정해야 할 것이다.

이렇듯 왜곡된 입시문화는 우리로 하여금 많은 돈과 시간을 낭비하게 할 뿐만 아니라, 우리나라 청년들의 사회진출을 늦추며, 출산율에까지 큰 영향을 미치고 있다. 우리 사회가 반드시 해결해야 하는 심각한 문제가 아닐 수 없다. 그렇기에 '입시'는 고3에서 최대한 깔끔하게 끝나야 한다. 내가 수능을 목표로 하는 지름길 학습법을 제시하는 이유가 바로 여기에 있다.

수능 수학의 중요성

입시에서 정시 말고는 수시가 있다. 수시는 교과, 논술, 학생부종합전형 등이 있다. 개인적으로 추천하는 전형은 '내신+수능 최저'의 방식이다. 내신만으로 인서울 대학교에 가려면 1등급 대 또는 적어도 2등급 대 초반이어야 한다. 쉬워 보일지 모르나 대단히 어렵다. 이 경우에도 적지 않은 대학교에서 수능 최저 등급을 요구한다. 예를 들어, 서울대 지역 균형 선발 전형은 학교마다 서울대에 지원할 수 있는 티켓 두 장을 준다. 이때 학교장은 대체로 전교 1등에게 이 티켓을 할당한다. 서울대는 각 학교에 티켓을 주되 국어, 영어, 수학 등에서 수능 2등급 이상의 최저 등급을 요구한다. 일반 고등학교에서 전교 1등을 하더라도 최저 등급을 맞추지 못하면 지원하지 못하는 상황이 발생할 수도 있다는 뜻이기도 하다. 그만큼 수능이 중요하다는 얘기다.

이뿐만이 아니다. 괜찮은 대학들은 내신만으로 학생을 선발하기에는 애매한 부분이 있어서 수능 최저를 붙여 학생을 선발한다. 이 전형에서 중심이 되는 것은 수능이라고 생각한다. 일선에서 일하다 보면 이 경우가 공부하기도 좋고 대학 가기도 유리한 듯하다. 종합적으로 보면 고등학교 입시를 좌우하는 결정하는 요인은 '수능'이다.

늦기 전에 목표를 분명히 하라

그래서 이 책에서 주장하는 수학 공부는 수능에 초점을 둔 공부법이다. 이를 좀 더 구체적으로 소개하고자 한다.

첫째, 초등 고학년에서 중등 초학년까지 시대와 학생 수준에 맞지 않는 수학 대부분을 과감히 생략한다. 예를 들어, 분수는 간략히 하고 분수 등에서 남는 시간을 중학교 2~3학년 때 시작한다. 이것만으로도 3년 정도의 시간을 절약할 수 있다.

둘째, 중등 수학 대부분의 구성을 극적으로 바꾼다. 중학교 1학년~고등학교 1학년 수학의 30% 정도를 차지하는 것이 '대수'이다. 즉 대수식으로 이뤄진 방정식이다. 대수는 방정식과 함수를 다루기 위한 기반 수학이다. 따라서 대수는 다른 수학을 하기 위한 도구에 가깝다. 도구적 성격이 강하다면 지금처럼 장황하게 대수, 방정식을 다룰 이유가 없다. 기술적인 부분을 중심으로 간략히 정리하고 다음으로 나아갈 필요가 있다.

셋째, 유클리드 기하를 축소해야 한다. 유클리드 기하는 중학교 1학년 1학기, 2학년 2학기, 3학년 2학기에 다루는 기하의 한 파트다. 기하의 한 파트라고 한 이유는 유클리드 기하는 컴퍼스와 눈금 없는 자를 가지고 수학을 하는 기하학의 한 부분이기 때문이다. 그런데 현대를 살고 있는 우리는 컴퍼스와 눈금없는 자가 아니라, '수'와 '좌표'를 가지고 수학을 하고 이를 '좌표기하'라 부른다.

오래 전 농업이나 가축의 힘이 근간이 되는 시대가 있었다. 그런 시대가 아무리 발전한들 농경사회에 불과하다. 반면 공업과 석유가 중심이 되는 시대로 발전하면 사회 전반이 공업적 기초 위에서 재구성된다. 컴퍼스를 베이스로 했던 고대 그리스 수학이, 수와 좌표를 기본으로 하는 근현대 수학을 근원적으로 넘어설 수 없는 이유이다.

어릴 적 나의 아버지는 일요일이면 내게 천자문을 가르치곤 했다. 아버지는 아들에게 무언가를 가르치고 싶었고 아버지는 천자문이 아니면 내게 줄 수 있는 것이 없었다. 나는 졸린 눈을 비비며 아버지와 천자문을 공부하곤 했다. 나는 아버지와 함께 배우던 천자문을 추억처럼 기억하지만, 아버지가 애써 가르쳐 준 천자문은 그때 이후로는 거의 사용하지 못했다. 비유하자면 유클리드 기하가 그런 것이다. 내심, 외심, 무게중심 등 고대 그리스를 기반으로 한 고색창연한 수학은 '하늘 천, 땅 지'로 이어지는 서당 교육과 다름이 없다. 중학교 유클리드 기하를 대폭 간소화하여 하나의 장 정도로 축소하고 하루빨리 좌표기하를 도입해야 한다.

넷째, 중학교 2학년 정도에 미적분을 시작해야 한다. 많은 사람이 중학교 2학년이 어떻게 미적분을 하냐고 반문할지도 모르겠다. 그러나 나는 이미 이와 관련한 실험을 많이 했다. 초등학교 4~5학년에게 루트를 가르치는 것이 어렵지 않듯이, 중학교 2학년에게 미적분을 가르치는 것 또한 당연히 가능하다. 대부분 미적분을 난공불락의 성처럼 생각하는 경향이 있다. 하지만 그건 해보지 않아서 그렇다. 콜럼버스의 달걀*처럼 우리의 선입관이

* 단순하고 쉬워 보이지만 쉽게 떠올릴 수 없는 뛰어난 아이디어나 발견을 말한다. 누구도 쉽게 해내지 못하는 상황에서 발상의 전환을 통해 달걀을 깨뜨려서 세운 콜럼버스의 일화에서 나온 말이다. (네이버 지식백과)

문제를 어렵게 만드는 요인이다.

$3\times4=12$, $\sqrt{8}=2\sqrt{2}$, $y=x^2+3x+1$을 미분하여 $y'=2x+3$가 된다는 이 3개의 문제는 모두 지적 레벨이 같다. 그런데 3개의 문제를 각각 초등학교 4학년, 중학교 3학년, 고등학교 2학년에 다루는 것은 지적 레벨이 다르기 때문이 아니라 수학 교과 기술의 순서가 그러하기 때문이다. 개인적으로 고등학교 레벨에서 $\frac{1}{2}+\frac{1}{3}=\frac{5}{6}$보다 어려운 수학은 없다고 생각한다. 미적분도 마찬가지다. 따라서 미적분을 중학교 2학년 때부터 시작해도 문제 될 것이 없다. 이걸 해결하지 못할 난관이 있다기보다는 우리의 결심과 결단의 문제일 뿐이다.

초4~중1 지름길 학습 로드맵

학습주요단원	학습목표
지수·루트·로그	수 체계의 확대
방정식	고등 수학의 기반학문
함수	미적분의 기반학문

추가단원

수열 - 여러 가지로 활용

확률과 통계 - 고3 때 문과가 선택

좌표기하와 삼각비 - 미적분의 기반학문

수능 수학의 구성

수능 수학은 공통과 선택으로 나뉜다. 공통은 고등학교 2학년 1학기 수1과 고등학교 2학년 2학기 수2이다. 수1은 지수와 로그함수, 수열과 삼각함수이고 수2는 다항함수의 미적분이다. 선택은 미적분, 기하, 확률과 통계로 나뉜다. 보통 미적분은 이과, 확률과 통계는 문과로 분류한다. (기하는 선택하는 학생이 많지 않아 논외로 하겠다.)

이과를 지망한다면 지루한 중등 수학을 마치고 수1, 수2를 공통과목으로 공부한 후 사실상 이과 미적분을 선택하게 된다. 만약 문과를 선택한다면 역시 고만고만한 중학교 수학을 이중삼중으로 공부한 뒤에 수1, 수2를 하고, 확률과 통계를 선택한다. 이과 미적분에 비해 확률과 통계의 분량은 얼마나 될까? 분명한 것은 미적분을 선택하고 현행 수능에 대비하려면 압도적인 선행을 해야 한다는 것이다. 반면 문과라면 미적분을 하지 않고 확률과 통계를 선택할 테니 선행을 하지 않아도 되거나 적당한 선행으로 충분할 수 있다. 그만큼 차이가 까마득하다.

이과 학생이 미적분을 선택한다면 당연히 메인은 미적분이다. 현재 수능의 난이도를 고려하면 교과가 시작되는 고등학교 2학년 때 공부를 시작해서 고등학교 3학년 수능에서 고득점을 받는 것은 사실상 불가능하다. 고등학교 2학년 2학기에 들어 시간을 줄여 가며 공부해도 잘되지 않을 것이다. 분량이 많기 때문이다. 문과 학생들이라면 확률과 통계를 선택했을 때 미적분을 선택하지 않아도 된다. 이 경우라면 시간을 맞출 수 있다. 확률과 통계라면 고등학교 2학년 때 시작해도 고등학교 3학년 수능에 맞출 수 있지 않을까 싶다. 따라서 문과라면 선행의 필요성은 적어진다.

중학교 2학년 학생들부터는 입시가 바뀌게 된다(2023년 기준). 수학을 예로 든다면 대수, 미적분1, 확률과 통계를 모두 치르게 되는 것이다. 이렇게 되면 미적분1이 메인 과목이 될 듯하다. 시간이 흘러 이렇게 바뀌어도 '지름길 수학공부법'은 바뀌지 않고 여전하다. 초등학교 4학년에서 중학교 1학년 시기에 지름길에 올라타야 한다. (오히려 2028년 교육과정에서는 문과 미적분이라 할 수 있는 '미적분1'이 메인이기에 준비가 더 수월할 것이다. 물론 더 상위권을 노린다면 이과들이 선택하는 심화된 미적분도 다루는 것을 추천한다.)

수능 수학이 개정되든 개정되지 않든 '지름길 수학공부법'이 말하는 취지는 유효하다. KTX에 올라타서 효율적인 공부를 하자는 것이다. 그것이 입시의 무의미한 장기화를 막고 입시에서 성공하는 길이다.

선행학습은 잘못이 없다

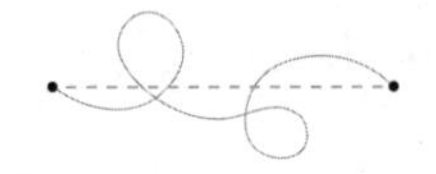

교과서를 재구성한 선행학습

앞서 나는 선행학습을 긍정한다고 했다. 이에 관해 좀 더 자세히 설명하고자 한다. 학부모로서는 선행학습이 혼란스러울 수밖에 없다. 각종 매체만 봐도 선행학습에 대한 부정적인 시각이 많은 게 사실이기 때문이다. 뉴스를 봐도, 신문을 봐도 '선행학습은 잘못된 것이다', '선행학습을 할 필요는 없다'라고 말한다. 그리고 대부분 학부모는 이 말에 동감하며 현실에서 어떻게 아이들을 잘 키울 수 있을지 고민한다. 그러나 앞서 말했듯 현재 교육과정에서 선행학습을 하지 않는다면 입시에서 성공하기 어렵다. 여기서 한 가지 오해를 짚고 넘어가고 싶다. 내가 말하는 선행학습은 초등학생에게 중학교 전 과정을 교육하거나, 중학생에게 고등학교 전 과정을 교육하는 것이 아니다. 부디 앞서 말한 '교과서를 재구성하라'를 기억하길 바란다.

일반적으로 선행학습에 대해 부정적인 이유는, 보통 중학교 전체 과정이나 고등학교 전체 과정을 아이들에게 무지막지하게 학습시키기 때문이다. 그러나 내가 말하는 '교과서를 재구성한' 선행학습은 주 1회 수업이면 충분하다. 이게 어떻게 가능하냐고 묻는 사람이 있을지도 모른다. 나는 실제로 불필요한 부분을 축소하거나 제하고 수업하기 때문에 현실적으로 가능하다고 자신하는 바다. 따라서 사람들이 생각하는 선행학습처럼 무지막지하지 않다. 이처럼 주 1회 수업으로 수능 수학에 맞춰 핵심만 다루는 선행이 있다면, 어떨까? 누구든 하려고 할 것이다. 매체는 기본적으로 자극적인 것을 좋아한다. 그리고 문제를 증폭시키는 걸 좋아한다. 그런 특성에 속지 말고 핵심을 파악해서 꼭 필요한 것만을 선행학습 시키길 바란다.

공부의 본질은 선행이다

분명히 말하고 싶다. 공부의 본질은 선행이며 경쟁이라는 사실을 말이다. 선행과 경쟁 두 가지를 모두 놓치는 순간, 학생들의 성적은 보장받을 수 없다. 학교란 본디 미래를 위해 가르치는 곳이다. 학교에서 배우는 수학, 과학, 역사 등은 지금 당장 써먹기 위해 배우는 공부가 아니다. 가깝게는 수능을 위해, 멀게는 그 학생의 인생을 위해 배우는 것이다. 즉 미래의 준비를 위한 공부이다. 그렇기에 공부는 본질적으로 선행이라고 말할 수 있다.

수학에는 '오일러 항등식($e^{i\pi}+1=0$)'이 있다. 명실공히 수학에서 가장 아름다운 공식이라고 부른다.

공식만 보면 상당히 어려워 보이지만 이 공식의 유도가 생각보다 어렵지 않다. 간혹 중2쯤 되는 학생들에게 이 공식을 유도해보면 30분~1시간 정도면 거뜬히 받아들였다. 다들 선행이 무조건 어려울 거라 짐작하지만 생각보다 어렵지 않다. 뭐든 기초부터 완벽하게 차근차근해야 한다는 착각은 버리고, 겁먹지 말고 그냥 공부를 시도해보길 바란다.

또한 입시 공부는 본질적으로 경쟁이다. 뒤에서도 다루겠지만 공부는 동기부여가 중요한데, 경쟁심이 강한 학생일수록 공부를 잘할 수밖에 없다. 반대로 너무 경쟁심이 없고 무사태평인 학생은 공부를 잘 못하는 게 사실이다. 이 경우 머리가 똑똑한 게 아니라면 공부를 잘할 확률은 높지 않다. 우리 모두 이 사실을 알고 있다. 그러나 여러 사회적 변화 때문에, 분위기 때문에 교육에서는 경쟁적 요소를 제거하려는 시도가 많았다. 그리고 지금도 경쟁이 무조건 나쁜 것이라고 여기는 분위기가 만연하다. 그런데 이로 인해 정작 피해를 보는 대상은 누구일까? 어른은 상관없다. 어른은 자기 인생이 아니기에 선행학습을 하지 말라고 하고, 공부 경쟁은 나쁘다고 말할 수도 있다. 실제로 피해를 보는 대상은 바로 학생이다. 입시가 경쟁으로 이루어져 있는데도 불구하고 어른들이 공부로 하는 경쟁이 나쁘다고 말하니, 학생들은 혼란스러워하고 오히려 공부를 못하게 된다. 따라서 항상 본질을 생각했으면 좋겠다. 내가 말하는 '수학의 지름길' 공부법은 쉽게 말해 KTX를 타는 것이다. 목적지가 정해졌으니, 거기에 맞춰 공부하라는 뜻이다. 이렇게 하면 과도하게 공부하지 않아도 되고 다른 사람과 지나치게 경쟁할 필요도 없다. KTX에 탄 사람은 자기가 내릴 도착역에서만 먼저 내리고자 경쟁하면 된다. 자기가 내릴 도착역이 아닌데 굳이 다른 사람들과 경쟁할 필요는 없지 않을까?

2부

입시 성공은 과감한 결단을 필요로 한다

아직도 '지름길 학습법'을
완전히 신뢰하기 어려운 사람들이 있을 것이다.
이들을 위해 2부에서는 더 구체적인 내용을 짚어서
다시 한번 설득시키고자 한다.
구체적인 학습 로드맵 또한 제시해 보겠다.

수포자가 하는 3가지 오해

*

❶ 기초부터 해야 한다

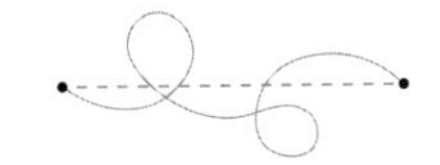

수학 교과는 대체로 중학교 1학년에서 고등학교 1학년까지가 하나의 과정이고, 고등학교 2학년 이후가 또 하나의 과정이다. 중학교 1학년부터 고등학교 1학년은 방정식과 그리스 기하(또는 유클리드 기하, 내심, 외심 등 중학교 수학에서 다루는 기하)를 기본으로 하고 함수가 약간 나온다. 그리고 고등학교 2학년 이후에는 기본적으로 함수를 기반으로 한 미적분이 나온다. 따라서 수학 교과는 중등 수학, 고등 수학으로 이뤄진 것이 아니라 중학교 1학년~고등학교 1학년, 고등학교 2~3학년으로 구성되어 있다고 보는 것이 정확하다.

대부분의 학생들은 고등학생이 되면 그제야 성적을 올리려고 열심히 공부한다. 고등학교에 가서 공부를 시작해도 수능 대박을 터트릴 수 있다는 환상이 있다. 그래서 전국에 있는 학교, 학원은 고등학교 1학년 수학을 목표로 열심히 공부시킨다. 현행 교과로 보면 '수학(상)'이나 '수학(하)'가 이에 해당한다.

한번은 중학교 3학년 학생에게 고등학교 1학년 수학을 가르쳤었다. 그리고 틈틈이 고등학교 2~3학년 수학도 가르치려고 했다. 그러자 그 학생은 내가 전혀 예상하지 못했던 반응을 보였다.

"왜 저에게 2학년 수학을 가르치려고 하시는 거죠?"

나는 적잖이 당황했다. 가르치는 걸 잠시 중단하고, 학생을 설득하기 시작했다. 입시를 모르는 대부분 학생과 학부모가 크게 오해하는 부분이 있는데 바로 고등학교 1학년 수학을 열심히 공부하고 나서 2학년 수학을 열심히 해야 수능을 대비할 수 있다는 생각이다. 우리는 순차적으로 해야 한다는 심한 착각에 빠져 있다. 나는 학생에게 설명하다 하마터면 소리를 지를 뻔했다. **'이 녀석아, 고1 수학은 수능 시험 범위가 아니야!'** 이런 코미디 같은 일은 한두 번이 아니었다. 공부를 한다는 사람이 시험 범위가 어디인지도 모르는 것이다.

만약 당신이 해외여행을 계획 중이라면 일정을 짜는 데 많은 시간을 할애할 것이다. 여행을 어디에서부터 시작하고 어떻게 끝날 것인지 큰 계획을 세운다. 그러고 나서 디테일한 정보를 취사선택한다. 그런데 많은 학생과 학부모는 학교라는 안온한 공간에 갇혀 학교가 제공하는 서비스를 곧이곧대로 무턱대고 따라가려고만 한다. 이것은 가이드에게 내 여행 일정을 모두 맡기는 것과 같은 이치다. 그 가이드가 실력이 좋은지, 나쁜지 확인해 보지도 않은 채 말이다.

고등학교 1학년 수학을 아무리 공부해 봤자 수능에 나오는 수학과는 아무 상관이 없다. 학생들은 주장한다. 고등학교 1학년 수학을 열심히 하면 이를 기초로 하여 수능 수학도 잘할 수 있지 않겠냐고. 마치 구구단을 열심히 외우면 이차방정식도 잘 풀 수 있지 않겠냐는 주장처럼 말이다. 그러나 이 둘은 전혀 다른 문제이다. 구구단을 아무리 열심히 외운들 이차방정식을 푸는 것은 또 다른 차원의 문제인 것이다.

심지어 고등학교 1학년 수학은 매우 어렵다. 앞서 말했듯 수학은 중학교 1학년~고등학교 1학년 수학과 고등학교 2~3학년 수학이 있다. 따라서 고등학교 1학년 수학은, 중학교 1학년~3학년 수학을 총정리하는 단원들인 만큼 매우 어렵다. 또한 학생 대부분이 고등학교 1학년 수학에 맞추어 열심히 선행학습을 해온 터라 학교는 변별력을 위해 시험 문제를 어렵게 출제한다. 따라서 성적을 유지하기도 어렵다. 반면 고등학교 2학년 수학은 새로운 단원이 시작되는 만큼 생각보다 쉽다. 특히 미적분의 기반이 되는 '극한' 개념은 예상보다 쉽다는 것을 알았으면 한다. 고등학교 2학년

이 되어 처음 개념을 배우는데 어렵게 다루는 것이 불가능하기 때문이다. 따라서 점수를 얻는 것이 목적이라면 고등학교 2학년 수학에 투자하는 것이 훨씬 낫다.

고1 수학은 어떻게 공부할까?

사실 고등학교 1학년 수학의 공부량이 상당히 많은 이유는, 중학교 때 고등학교 1학년 수학을 겨냥해 선행학습을 하기 때문이다. 그러나 이렇게 선행학습을 해버리면 나중에 고등학교에 올라가서 수능에 대비하기 어렵다. 다시 말하지만 수능의 시험 범위는 고등학교 2~3학년 수학이기 때문이다.

그럼에도 불구하고 고등학교 1학년 수학을 어느 정도 알아야 2학년 수학을 이해할 수 있는 것 아니냐고 반문하는 사람이 있을지도 모른다. 1학년 수학을 어느 정도로 가볍게 알면 되는지, 아니면 바로 2학년 수학으로 가서 공부하는 게 맞는 것인지 헷갈릴 것이다. 다시 정리하자면 대부분의 고등학교 1학년 수학은 넘어가도 된다. 수능 대비를 한다면 고등학교 1학년 수학의 10~15% 정도만 알면 된다. 그것도 대부분 계산이기 때문에 2~3학년 수학을 하면서 병행하는 수준이면 족하다.

고등학교 1학년 수학의 전체를 공부하는 이유는 '내신' 때문이다. 그래서 나의 지름길 해법은 중등 수학을 최대한 간소하게 처리하고, 고등학교 2~3학년 수학을 선행하며, 고등학교 1학년 수학을 병행하는 방식이다. 이를 위해서는 앞서 말했듯 교과를 최대한 간결하게 재구성해야 한다.

중학교 수학의 10%면 충분하다

이런 오해는 고등학교 1학년 수학뿐만 아니다. 크게 보면 중학교 수학 전체가 그러하다. 당신이 만약 수능 성공을 목표로 한다면 중학교 수학에서 10%면 충분하다. 1부에서 말한 바 있으나 그 이유를 더 상세히 설명해 보겠다.

중학교 수학 대부분은 방정식과 그리스 기하이다. 고등학교 2~3학년 수학의 기본인 미적분의 관점에서 보면 방정식은 구구단에 불과하다. 쉽게 말해 기본을 알고 기초적인 계산 정도만 할 수 있으면 그만이란 뜻이다. 미적분이 최종 목표라면 미적분에 필요한 기본 방정식만 풀 줄 알면 된다. 그리스 기하도 마찬가지다. 중등 수학에서 어지럽게 등장하는 내심, 외심, 원과 비례, 닮음비 등의 내용을 고등학교에서는 대부분 다루지 않는다. 물론 고대 그리스 수학을 아는 것이 목적이라면 필요한 공부일 수 있겠지만, 수능이라면 그런 내용은 우리의 시험 범위가 아니다.

따라서 중등 수학을 대하는 관점에는 두 가지가 있을 수 있다.

선택 1 중등 수학 교과를 존중하고 이를 차근차근 공부한다.

선택 2 중등 수학은 기본만 하고 우리의 목표인 수능 공부에 집중한다.

선택은 각자에게 달렸다. 그러나 전자의 공부는 시험 범위도 모르고 목표도 상실한 공부라고 생각한다. 반면 후자는 목표를 분명히 정한 성공하는 공부법이 될 것이다. 내 주변을 봐도 이렇게 공부한 사람들은 늘 결과가 좋았다.

골동품 수학은 제쳐두자

'파푸스의 중선 정리'라는 삼각형과 관련된 기기묘묘한 정리가 있다. 이것은 고대 그리스의 수학자 '아폴로니오스'가 찾아낸 것으로, 삼각형의 중선과 세 변 사이의 관계를 서술한 정리이다.

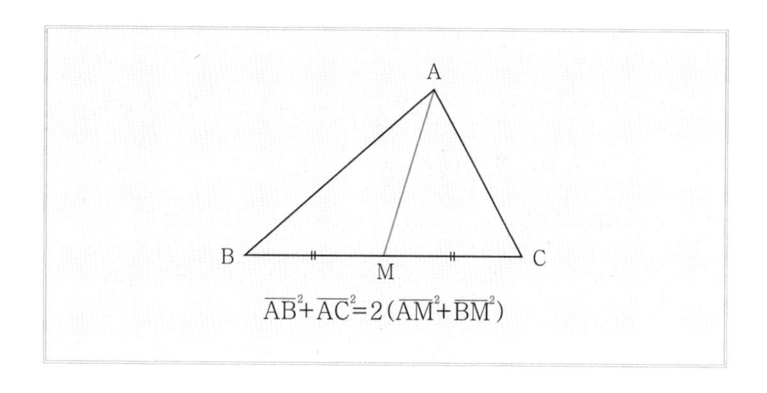

고대 그리스 사람들은 자와 컴퍼스로 공부하는 것을 좋아했다. 덕분에 이와 같은 섬세한 정리를 많이 찾아냈다. 학교 교과서에는 고대 그리스인들이 찾아낸 이런 정리가 종종 등장한다. 교사나 학원 강사는 고등학교 3학년 모의고사 문제를 풀 때 '파푸스의 중선 정리' 같은 예를 활용하기도 한다. 이런 이유로 꽤 많은 사람이 중등 수학을 견고히 다져 기초를 튼튼히 해야 한다고 주장하기도 한다. 그러나 나는 절대 그렇게 생각하지 않는다.

예를 들어, 세계사 시험을 준비한다고 치자. 그렇다면 아프리카의 역사보다는 시험에 잘 나오는 고대 그리스나 프랑스 혁명의 역사를 아는 것이 더 중요할 것이다. 어쩌면 세계사 전체를 훑어보는 것보다 고대 그리스 역사를 여러 번 공부하는 편이 더 낫다. 성적을 잘 받기 위해서 말이다. 수학으로 비유하자면 '파푸스의 중선 정리'는 세계사의 아프리카 역사와 같다. 비주류로 다뤄야 할 부분이라는 뜻이다. 그렇다고 '중선 정리'나 아프리카 역사를 비하할 의도는 없다. 그저 현실적인 이야기, 수능 수학을 중점에 두고 하는 말일 뿐이다.

고등학교 3학년 강사는 1년에 한두 번 나올지도 모를 골동품과 같은 수학을 끄집어내 문제를 풀 때가 있다. 그리곤 감격스러운 목소리로 이렇게 말한다. "역시 기초가 중요해!" 이들이 그런 태도를 보이는 이유는 교육 현장의 주류 담론 때문이다. 교육 현장의 주류 담론은 사교육은 틀렸고 선행은 잘못되었다는 식의 생각이다. 사교육 현장에 몸담고 있음에도 불구하고 사교육은 틀렸다고 주장하거나, 선행으로 얼룩진 시험 문제를 풀어주면서도 선행은 잘못되었다는 등의 모순된 화법이 만연하다. 안타깝게도 많은 사람이 이런 주장에 쉽게 현혹된다. 하지만 수능 수학을 목표로 공부하는 사람이라면 이런 그럴듯한 미사여구가 아닌 본질을 꿰

뚫어 볼 수 있어야 한다.

수포자가 하는 3가지 오해

*

❷ 수능 준비는 고1부터 해야 한다

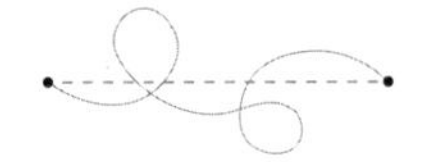

흔히들 본격적인 수능 준비는 고등학교 1학년 때부터 하면 족하다는 착각을 한다. 물론 현행 교육과정을 그대로 따라가는 학생과 학부모라면 이렇게 생각하는 게 당연할 것이다. 그들의 잘못이 아니다. 그러나 이렇게 수능을 준비하다 보면 결국 수능을 잘 볼 수 있는 사람도 낭패를 보기 십상이다. 그런데도 정작 이런 사실을 모른다는 점이 가장 큰 문제다.

일단 수능 준비를 고1부터 하면 너무 늦는다. 진도를 나가는 것은 어렵지 않다. 만약 학력고사라면 간신히 진도를 마친 상태에서도 바로 시험을 볼 수 있긴 하다. 그러나 최근의 수능이라면 불가능한 얘기다. 다소 절망스러운 이야기일지 모르겠지만 현실이 그려하다. 고1부터 수능 준비를 하겠다는 말은 곧 수능에서 좋은 성적을 받을 마음이 없다는 뜻과도 같다. 쉽게 말하자면 학력고사가 45×23을 테스트하는 정도라면 수능은 2343×3428의 수준과 같은 시험 문제다. 수능을 위해서는 곱하기를 배운 후 시간에 맞춰 답을 내기 위해 별도의 숙련이 필요하다는 의미다.

내가 가르쳤던 학생 중에도 이런 오해를 했던 학생이 있다. 그 학생은 중학교 3학년이었는데 수학을 꽤 잘하는 편에 속했다. 그런데 학교 수업에 충실한 모범생이었기에 내 기준으로 보자면 진도가 매우 느렸다. 여느 말을 잘 듣는 모범생처럼 중학교 3학년이 되어야 고등학교 1학년 수학을 들춰보기 시작했다. 나는 그 모습이 너무나 답답했다. 나만 해도 초등학교 5학년 정도면 중학교 3학년 수학 이상을 풀게 하고, 중학교 2학년 상위권이면 미분을 풀게 하는 편이었으니 말이다. 그 학생은 서울대학교나 카이스트 정도를 바라볼 수 있는 학생이었다. 그러나 진도가 느려 낭패를 볼 수도 있는 상황이었다. 고등학교에 올라가면 이리저리 매우 바쁘다. 이렇게 진도가 느릴 경우 고등학교 2학년 2학기에서 3학년 1학기 정도에 미적분을 하게 되고, 대개 미적분이 약해 애를 많이 먹게 된다. 이렇게 되면 서울대학교까지 갈 수 있는 학생이 수능 준비가 느려 본인 실력에 한참 못 미치는 대학교에 가게 될 수도 있다. 내가 이런 이야기를 하자 그 학생은 큰 충격을 받은 듯했다.

내 처방은 간단했다. 고등학교 3학년 이과 미적분을 기본으로 했고, 교재는 고등학교 3학년 모의고사 문제였다. 모의고사 문제를 펴놓고 그 자리에서 학생의 상태, 실력, 수준 등을 고려해 고등학교 2~3학년 수학 전체를 하나의 진도로 놓고 공부하자는 처방을 내렸다. 어떻게 이게 가능한지 의아해하는 학부모가 있을지도 모르겠다. 그러나 고등학교 3학년 수학이라고 해봐야 동네 야산에 가깝다. 두 달 정도만 노력하면 어느 정도 윤곽이 잡힌다. 우리는 늘 경험해 보지 못한 것을 두고 두려움에 떠는 경향이 있다. 미적분 또한 그렇다. 물론 본격적인 시험을 보려면 더 디테일한 접근이 필요하다. 하지만 내 목표는 중학교 3학년 때 전체를 개괄한 후 고등학교 1~2학년에 틈틈이 복습하고, 2~3학년 때 상위권 수학풀이에 도전하는 거였다. 일찌감치 중학교 수학에서 성과를 본 학생은 고등학교 3학년 이과 수학을 훨씬 좋아한다. 이 학생도 그랬다. 수학에 어느 정도 흥미를 보이는 학생이라면 진도에 맞춘 수학보다 더 흥미를 유발하는 수학을 시켜야 한다.

안타깝게도 나는 이제 '고등학생'을 잘 가르치지 않는다. 공부할 것이 고정되어 있어, 어떻게 해볼 여지가 적기 때문이다. 보통 고등학교 1학년에 입학해 열심히 공부하고, 고등학교 2학년 때는 '수능 역전', '수능 대박'을 꿈꾸곤 한다. 하지만 그런 것은 대부분의 경우에 다 허상에 불과하다. 그때 가면 학교 진도와 각종 수행평가를 따라가기에도 바쁘다. 그렇기에 수능 대비는 고등학교 입학 전에 시작해야 한다.

나중에 그 학생이 서울대학교에 입학했다고 전해 들었다. 내 수업이 어느 정도로 도움이 되었는지 잘 모르지만, 주변 사람에게 내 수업이 도움이 되었다고 말했다고 한다. 나는 그걸로 만족한다. 그거면 충분하다.

수능 수학 공부는 빠를수록 좋다

앞서 소개한 사례의 학생은 공부를 잘하는 학생이었다. 그렇지 않은 경우라면 어떻게 해야 할까? 결론적으로 말하자면, 평범한 학생에게 선행학습은 훨씬 더 중요하다. 왜냐하면 수능 수학은 반복 숙달이 핵심이기 때문이다. 이런 학생은 수도권 공대 정도를 목표로 할 수 있겠다. 문과라면 그 이상을 바라봐도 좋다.

반면 중위권 이하이거나 수도권 미만의 대학을 목표로 한다면, 굳이 수학 공부를 할 필요는 크게 없다. 수도권 미만 대학의 경우 수학 성적을 보지 않는 학교도 많고, 그 시간에 차라리 다른 과목을 공부해서 점수를 얻는 게 더 효과적인 까닭이다.

일반적인 중위권 학생의 경우 습관적인 공부보다 훨씬 더 중요한 사항이 있다.

첫째 수학에 대한 자신감이 있어야 한다.
둘째 간결하고 효율적인 수업 재구성으로 시간을 벌어야 한다.
셋째 중학교 2학년부터는 목적의식을 갖고 생활 관리가 필요하다.

여러 학생을 가르쳤던 개인적인 경험을 반추해보면 중위권 학생의 경우 수포자(수학 포기자)였어도 수포자에서 충분히 탈출할 수 있었다. (이 경험을 담은 《수포자 탈출 실전 보고서》를 낸 적도 있는데 이 책에는 수포자 중 60~70% 정도의 학생이 빛나는 성과를 얻은 내용이 나온다.)

수포자는 두 부류로 나눌 수 있다. 기질적으로 머리가 나빠 수포자가 된 경우와 절대적인 공부량이 적어서 수포자가 된 경우다. 솔직히 말해 전자의 경우 열심히 노력해도 좋은 성과를 얻기는 어렵다. 반면 후자의 경우 공부량만 늘리면 충분히 수포자에서 벗어날 수 있다. 이럴 땐 학생의 태도가 중요하고, 학부모는 아이의 공부 환경을 조성하는 것이 무엇보다 중요하다.

수능은 시험 범위가 명확한 시험이다. 현재 수능은 고등학교 2학년 1학기의 [수1], 고등학교 2학년 2학기의 [수2]를 공통으로 하고 [미적분], [기하], [확률과 통계]를 선택과목으로 한다. 2028학년도부터 개정되는 수능 수학에서는 선택과목이 없이 모두 공통과목으로 바뀌고 범위는 [대수], [미적분Ⅰ], [확률과 통계]로 정해졌다. 함수와 미적분을 골자로 공부해야 하는 것에는 변함이 없는 것이다.

내가 시험 범위를 강조하는 이유는 시험 범위가 아닌 것을 추리기 위함이다. 고등학교 1학년 1학기 수학(상), 고등학교 1학년 2학기 수학(하) 등은 시험 범위가 아니다. 다시 말하지만, 우리의 목표는 수능에서 한 문제라도 더 맞히는 것이다. 그렇기에 더욱더 시험 범위를 정확히 알아야 한다.

수능을 효율적으로 대비하기 위해서는 되도록 '시험 범위가 아닌 내용'은 공부하지 말아야 한다. 반대로 시험 범위에 해당하는 부분은 대비가 빨라야 한다. 바둑에는 '사석작전'이라는 전술이 있다. 중요하지 않은 작은 말은 버리고 더 큰 이익을 취하는 작전이다. 고수의 바둑을 보면 쉼 없이 사석작전이 이뤄진다. 그들은 전체 판의 관점에 도움이 되지 않거나 약한 것은 언제든 과감히 버린다.

수능을 대비하는 자세도 그래야 한다. 예를 들면 중학교 3학년 2학기 수학에 나오는 〈원과 비례〉라는 단원이 있다. 이 단원은 중학교 3학년을 끝으로 고등학교에 가면 나오지 않는 단원이다. 이런 단원은 곳곳에 포진해 있다. 따라서 우리는 진지하게 사석작전에 임해야 한다. 3년 후 수능에서 무엇이 중요한지 미리 고민하고 공부할 내용을 결정해야 한다. 이런 작전으로 수능 공부에 돌입해야 할 나이는 빠르면 중학교 2학년이고, 늦어도 3학년 1학기에는 시작해야 한다. 정리하면 이들이 공부하면서 가져야 할 바람직한 전술은 이러하다.

① 고등학교 2~3학년 수학을 중심에 둘 것

② 11월쯤 입학할 고등학교의 윤곽이 잡히면, 그때 고등학교 1학년 내신을 대비하면서 고등학교 2~3학년에 해당하는 지름길 선행을 병행할 것

고등학교에 올라가면서 고등학교 2~3학년 수학에 대한 윤곽을 잡고 가는 것과 그렇지 않은 것은 확연히 다르다. 미리 공부한 사람은 그렇지 않은 사람보다 훨씬 빨리 목표에 도달할 수 있다. 무궁화호를 탄 사람은 아무리 노력해도 KTX를 탄 사람을 따라잡을 수 없다. 수능 공부가 빨라야 하는 이유는 수능이 그런 시험이기 때문이다. 간혹 수능 시험을 말할 때 사고력 운운하는 사람이 있다. 그러나 그건 거의 기만에 가깝다고 본다. 수능은 그야말로 누가 더 공부를 많이 했는지를 확인하는 시험이다. 반복된 '학습'이 가장 중요한 시험이란 얘기다. 이런 시험이라면 누가 더 빨리 시작했는가가 중요할 수밖에 없다.

그런데도 중등 수학, 고등학교 1학년 수학에 발이 묶여 본격적인 수능 수학 공부를 늦춘다면 사실상 수능 수학을 포기하겠다는 말과 같다. 시험 범위가 아닌 부분에 그렇게 신경을 썼다면 결과는 뻔하다. 그래서 재수생, N수생이 많은 것이다. 간혹 보면 아예 처음부터 재수, 삼수를 염두에 두고 공부하는 학생들도 있다. 그건 사실상 자신의 인생에서 2~3년을 의미 없이 날려버리겠다는 말과 같다. 무책임한 태도이다. 아무리 100세 시대가 되었다고 해

도 인생에서 2~3년은 엄청난 시간이다. 그 시간이면 공무원 시험을 준비해 공무원이 될 수 있는 시간이고, 전문직 자격증 공부를 해도 충분히 딸 수 있는 시간이다. 이런 귀한 시간을 잘못된 판단으로 의미 없이 날리는 건 너무도 아깝지 않은가?

수포자가 하는 3가지 오해

*

❸ 순서가 곧 난이도다

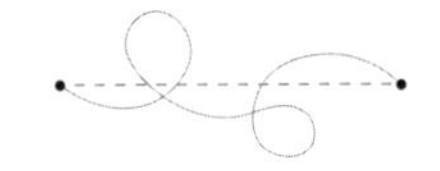

초등학교 4학년 학생을 가르칠 때의 일이다. 그 학생은 내가 아무리 분수에 대해 가르쳐도 전혀 이해하지 못했다. 당시 $\frac{1}{2}+\frac{1}{4}=\frac{3}{4}$에 대해 이리저리 설명했지만, 진전이 없었다. 나는 원인을 골똘히 생각했다. 머리가 안 좋거나 집중력이 떨어지거나 둘 중 하나인데 어디에 속하는지 유심히 지켜봤다. 집중력이 많이 약해 보였다. 어린 학생의 경우 부모가 시키기 때문에 마지못해 공부하는 경우가 많다. 공부하기 싫어서 적당히 머리를 비우고 그저 시간만 보내려고 하는 경우가 많다. 이 학생이 그러했다.

분수 덧셈에서 막히자, 나는 포기하지 않고 다른 돌파구를 찾기 시작했다. 바로 등차수열이었다. 나는 이 학생과 등차수열을 같이 풀었다. 1, 3, 5, 7…로 나가는 등차수열이었다. 보통 첫 번째 수는 1, 두 번째 수는 1+2, 세 번째 수는 1+2+2와 같은 식으로 푼다. 이때 열 번째 수를 써보라고 하면 대부분의 학생이 1+2+2…+2라고 쓴다. 이를 간략히 하면 1+2×9=1+2×(10−1)이다. 이런 식으로 100번째를 쓰라고 하면 1+2…+2=1+2×99=1+2×(100−1)이라고 쓸 수 있다. 다시 정리하면 n번째를 구하는 식은 1+2×(n−1)로 표현할 수 있다. 이게 등차수열의 일반항 공식이다. 고등학교 2학년 때 나오는 수학이다. 어떤 학부모는 이렇게 반문할 수도 있다. '분수 덧셈도 이해 못 하는 초등학교 4학년이 어떻게 고등학교 2학년 수학 개념을 이해할 수 있을까요?'

이런 생각을 하는 이유는 우리가 일반적으로 쉬운 것부터 해야 한다는 선입견에 사로잡혀 있기 때문이다. 우리는 수십 년째 여러 고정된 수학의 선입견에서 좀처럼 벗어나질 못한다. 덧셈, 뺄셈을 공부하고 곱하기, 나누기를 공부하고 분수를 공부하고…. 이렇게 중학교 수학을 공부하고 나서 고등학교 수학을 공부해야 한다고 생각한다. 그리고 이렇게 정해진 순서가 곧 '난이도'라고 생각하는 경향이 있다. 그러다 보니 대부분 학생, 학부모는 자기 학년보다 위의 수학을 들이밀면 경기를 일으킨다. 해보지도 않고 일단 무조건 안 된다고 야단이다.

이 학생은 분수 덧셈을 하지 못했지만, 고등학교 2학년 때 배우는 등차수열은 곧잘 따라 했다. 내 경험에 따르면 초등학교 3~4

학년이 등차수열의 일반항을 잡아내는 모습은 흔히 볼 수 있는 광경이다. 하지만 학부모는 이 모습을 본다면 자녀가 '천재가 아닐까?' 하고 착각할 것이다.

공부가 만만해져야 한다

오랫동안 학생을 가르치며 깨달은 공부 잘하는 학생의 특징이 하나 있다. 그건 바로 공부가 만만하다는 점이다. 수학 말고 영어를 예로 들어도 똑같다. 영어 회화를 잘하는 사람을 떠올려 보라. 이런 사람은 주로 영어 문장 1개만 알고 있을 때부터 원어민만 만나면 안 되는 영어를 막무가내로 말하며 연습해 왔다. 보통 사람은 쑥스럽거나 자신이 없어 영어를 구사하지 못한다. 그러나 이런 사람들은 영어를 만만하게 생각하고 알고 있는 걸 다 내뱉는다. 따라서 영어를 잘하게 될 수밖에 없는 것이다.

수학도 마찬가지다. 초등학생이 중학교, 고등학교 수학을 만만하게 생각해야 한다. 더 나아간다면 대학교 수학도 만만하게 생각할 수 있겠다. 굳이 대학교 교재까지 보지 않더라도 수많은 교양서를 통해 대학교 수학을 접할 수 있을 것이다. 아무튼 요점은 학생이든 학부모든 수학 공부가 만만해야 한다는 말이다.

수학을 포기하는 학생 대부분은 공포감에 휩싸여 있다. 어렸을 때는 수학 공부를 했는데 잘 안 풀려서 포기하고, 혼난 경험이 쌓여서 그렇다. 이런 학생은 절대 더 상급 학년의 수학을 도전하려

들지 않는다. 장기적으로 보면 수학을 포기하고 결국 좋은 대학교에 가지 못하기도 한다. 따라서 저학년 때 가장 중요한 것은 수학 진도가 아니라 '자신감'이다. 학생이 잘할 수 있는 수학을 공부시켜야 한다. 그래서 수학 공부가 만만하다는 경험을 해야 한다. 이런 학생은 고학년이 되어서도 어려운 문제에 주눅 들지 않는다. 그리고 한번 실패해도 다시 도전한다. 마음속 한 편에 '나는 초등학교 4학년 때 고등학교 수학을 했었다'라는 자신감이 자리 잡고 있기 때문이다. 근거 없는 자신감이 아니다. 결국 이런 학생이 좋은 성적을 받으니 말이다.

수포자라면 가장 경계해야 할 부분이 있다. 바로 공부에 대한 부정적인 심리를 쌓는 일이다. 수포자의 문제점은 공부에 대한 내적인 에너지가 적은 상태다. 그런데 이런 상태에서 어려운 문제를 풀기 위해 과도한 사고를 해야 한다면 더욱 수학에 거부감을 가능성이 크다. 따라서 공부도 가능한 계산 위주로 하는 것이 좋다. 공부는 문자를 통한 동적인 움직임이기에 정신적 에너지 축적에 도움이 된다. 즉 머리로 하는 운동인 셈인데 공부에 대한 내적 에너지가 적은 이들은 계산 문제 풀이를 통해 내적 에너지를 축적할 수 있게 된다. 그리고 시험 문제는 기본적으로 계산 문제가 많이 나온다. 그러니 공부가 지겹더라도 계속하는 것만이 방법이다.

'벼룩 효과'라는 말이 있다. 벼룩은 강력한 뒷다리 2개로 1미터가 넘는 높이도 가볍게 점프할 수 있다고 한다. 사람으로 치면 80층 높이의 빌딩까지 뛰어오르는 것과 같다. 그런데 어떤 과학자가 벼룩을 투명한 뚜껑이 덮인 1미터 높이의 캔 안에 담아 놓고 실험을 진행했다. 시간이 지난 후 뚜껑을 열고 벼룩을 풀어주니 놀라운 결과가 일어났다. 벼룩이 1미터 이상으로 점프할 수 없게 된 것이다. 이처럼 우리도 우리의 잣대로 공부의 한계를 정해 버리면, 아이들의 학습력도 그 정도의 수준에서 그치게 된다.

그렇다면 이렇게 생각할 수도 있다. '그렇게 잘할 수 있는 단원만 찾아다니면 나중에 결국 모든 단원이 나오게 될 때에는 수학을 잘 못하게 되는 것 아닌가?' 절대 그렇지 않다. 모든 과목이 그렇듯 수학도 대부분 서로 유기적으로 연결되어 있다. 즉 수열을 공부하면 수열만 공부하는 것이 아니다. 분수도 직간접적으로 공부하게 된다. 위 사례의 학생도 한 학년만 올라가도 여러 경험이 쌓이면서 자연스레 분수를 이해하게 될 가능성이 크다. 따라서 현재 단원에서 공부가 막히면 다른 단원에서 승부를 보면 된다. 그런 성공의 경험이 공부하는 데 자신감을 안겨주어 학습의 원동력이 될 것이다.

만약 계속 벽에 부딪힌다면

그럼에도 불구하고 아이의 학습력이 좋지 않아 계속 벽이 부딪힌다면 어떻게 할까? 대다수 학생은 수학 공부를 하다 벽에 부딪혔을 때 그걸 곰곰이 생각하며 돌파할 방법을 찾지 못한다. 스스로 해결법을 찾아내는 그런 유형의 학생은 거의 없다. 그건 영재급, 적어도 수재급 학생이 보이는 반응이다. 간혹 수학 공부를 할 때 답지를 보지 않고 한 문제를 장기간 고민하며 푸는 식의 공부를 하는 학생을 보곤 한다. 그런데 이런 식의 공부는 앞서 말했듯 영재급, 적어도 수재급 학생이나 가능한 공부법이다. 그렇지 않은 학생에게 이런 공부를 시키면, 즉 스스로 벽을 뚫으라고 지도하면 그들은 수학 공부를 포기해 버리고 만다. 자신감은 떨어지고 좌절감만 커지는 까닭이다.

학습력이 낮은 학생에게는 다른 길을 열어줘야 한다. 학생에게 쓸데없는 열등감을 심어주지 말고 상황을 돌파할 수 있는 해법을 알려줘야 한다. 흔히들 학생에게 수학을 공부하다가 벽에 부딪히면 찬찬히 생각해 보라고 권한다. 그러나 나는 다르게 권한다. 벽에 부딪히면 불필요하게 시간 끌지 말고 쿨하게 다음으로 넘어가라고 말이다. 수학은 천재들의 학문이다. 기본적으로 어렵고 이해되지 않는 게 당연하다. 조금 이해되지 않는 것이 아니라 고등학교를 졸업할 때도 여전히 어렵고 쉽게 이해되지 않는다. 이 경우 '돌아가라'라는 해법이 유효하다. 한 가지 다행스러운 점은 수학의 모든 분야는 사고의 구조가 유사하고 상호 연관되어 있다는 사실이다. 그래서 다른 단원을 다루다 보면 앞뒤 단원에서 공부할 때는 잘 몰랐던 내용이 어느새 저절로 이해되기도 한다.

수학은 자신감과 본인만의 속도가 중요하다. 막히거나 잘 모르는 문제를 만났을 때 골똘히 생각하는 것도 어느 정도 필요하지만, 지나치다 보면 실족하기 쉽다. 이 점을 간과하지 말았으면 한다. 그런데도 문제를 풀다 벽에 계속 부딪힌다면 다시 공부의 구성을 생각해 봐야 한다. 만약 저학년의 경우(중2 이하)라면 무리하게 도전하게 하지 말고 재밌는 것을 중심으로 공부를 진행해야 한다. 저학년 때 공부에 열등감이 생기면 나중에 공부를 시키기가 더 어렵게 되기 때문이다. 또한 수학은 모두 연결되어 있어서 잠깐 못하는 부분이 생겨도 다른 부분을 공부하면 상관없다. 고학년(중3 이상)이라면 벽에 부딪혔을 경우 이겨내도록 지도해야 한다. 벽에 부딪혔다고 돌아갈 여유가 없고, 어차피 계속 생길 문제이기 때문이다. 이 경우 관리형 학원이 도움이 될 것이다. 요즘은 학원이 아주 잘 발달해서 공부하기 싫어도 억지로라도 하게 되니 말이다. 마치 운동을 못하는 사람이 헬스 트레이너의 도움을 받아 효율적으로 운동하는 것처럼, 공부도 여건이 된다면 그런 도움을 받는 것도 방법이다.

대다수 학부모는 학생들의 성장 과정에 대해 오해를 많이 한다. 나 또한 그랬다. 앞서 말한 예, 3강아지+2강아지=5강아지를 학생이 잘 받아들이는 것은 이해해서라기보다 그런 식으로 많이 반복 학습한 탓에 자연스레 여기기 때문이다. 다른 수학도 마찬가지다. 초등학생, 중학생이 무슨 수로 동류항을 이해한다는 말인가? 이 글을 읽는 성인 대부분도 동류항 개념을 이해했다기보다는 그저 받아들였을 뿐이다. 애초에 그걸 이해해야 한다고 주장하는 것 자체가 무리다.

나는 어려서 뜀틀에 대한 공포가 있었다. 여러 번 실패해서 '나는 할 수 없다'라는 패배감이 심했다. 어느 날 핵심은 자신감과 공포감이라는 사실을 깨닫고, 마음을 가볍게 하자 뜀틀을 넘을 수 있었다. 그 후 뜀틀에 대한 공포감은 싹 사라졌다.

수학도 마찬가지다. 한번은 초등학교 5학년 학생이 등차수열의 일반항을 풀자, 과도하게 칭찬했다. "이건 고등학교 2학년 수학이야. 아무나 못 하는 거야! 네게 숨겨진 재능이 있는 것 같아." 학생은 칭찬을 먹고 산다. 대다수 학생은 이런 경우 매우 좋아하며 수학에 자신감이 붙는다. 사실 이 학생은 아버지가 특별히 내 연락처를 찾아 의뢰한 경우였다. 평소 이 아이는 수학에 잔뜩 겁을 먹고 있었고 매번 이해되지 않는 공부를 하는 과정에서 트라우마가 생긴 상태였다. 그런데 칭찬받자 아이는 수업이 진행될수록 점점 목소리에 힘이 들어갔고, 수학에 대한 공포에서 조금씩 벗어나는 변화를 보였다. 그러니 아이에게 '정말 쉬운' 수학을 가르치길 바란다. 교육과정에서 학년이 낮아 쉽다고 '정해 준' 수학이 아니라, 아이가 자신감을 얻을 수 있는 수학 말이다.

성공하는 자녀로 키우려면 과감성이 필요하다

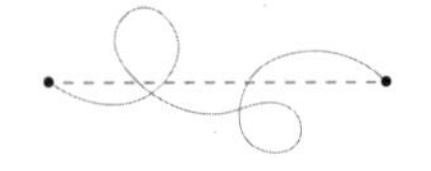

나를 찾아오는 학부모 중 특히 이과 출신의 부모님이 내 교육법에 많이 동감한다. 이들은 학교에 다닐 때 비효율적인 방식으로 수학을 공부했었다. 그렇다 보니 내가 말하는 교육법에 충분히 공감하고 나를 찾아오는 것이다. 지름길 수학공부법의 목표 또한 분명히 인지하고 있다. 따라서 따로 설득해야 하거나 안심시킬 필요가 없다. 학부모가 내 교육법을 제대로 인지하니 자녀도 소기의 성과를 얻을 때가 많았음은 물론이다.

그러나 모든 학부모가 그렇지는 않은 듯하다. 우리나라에서는 학교나 학원의 기능이 교육보다는 관리 차원에 집중된 경향이 있고, 학부모도 아이를 학교나 학원에 맡긴다는 생각을 많이 한다. 효율성보다는 오래 맡아주고 꼼꼼히 챙겨줄 곳을 찾는 것이다. 그러나 내 교육법은 학생을 오래 붙잡아 두면서 억지로 공부시키는 교육법이 아니다. 보통의 학원과는 다른 점이 있는데 우선 학교 교과과정과 순서가 다르다. 그리고 관리보다는 시간과 효율성을 최우선으로 생각한다(그래서 주 1회 수업한다). 그런데 입소문을 듣고 찾아온 경우나 지나가듯 들른 학부모 중에서는 내 교육법에 의문을 품는 경우도 간혹 있다.

이렇게도 가능하다고요?

학부모가 던지는 의문은 정말 이런 교육법이 가능하냐는 것이었다. 어떻게 초등학교 4학년이 고등학교 수학을 할 수 있냐고, 가능하냐고 반문한다. (개인적으로 이런 이야기를 들을 때마다 우리나라 교육제도가 많이 바뀌어야 한다고 생각한다.) 그런 의문을 가진 학부모에게 강조하고 싶다. 우리가 이렇게 하지 않았던 것뿐이라고.

그렇다. 학부모가 의문을 가지는 건 이렇게 해 오지 않았기 때문이다. 우리는 기존의 실패하는 공부법에 너무 익숙해져 있다. 그저 남들이 그렇게 하니까 아무렇지 않게 잘못된 방식을 답습한다. 그리고 자녀가 재수, 삼수를 해도 대수롭지 않게 여긴다. 이 얼마나 어리석은 일인가. 그렇기에 나는 단언한다. 우리나라 교육제도하에서 수능에 성공하는 방법은 이 방법뿐이라고. 그 이유는 지금까지 여러 차례 설명했다. 판단은 각자의 몫이다. 많은 사람이 가지 않지만, 성공이 보장된 길을 갈 것인가 아니면 모두가 향하는 잘못된 길로 갈 것인가?

앞서 말한 이과 출신의 부모님에 대해 좀 더 얘기하자면 이들의 자녀가 성과를 본 경우가 많았다. 이들은 직접 나를 찾아와서 상담을 통해 '지름길 수학공부법'에 대해 자세히 들었다. 그리고 이와 관련된 지도 방법을 숙지한 후 돌아갔다. 그래서 나는 학생과 일주일에 한 번, 줌 등을 이용해 수업했지만 아이는 집에서 아버지와 함께 꾸준히 수학 공부를 할 수 있었다. 어떤 아버지는 알려준 커리큘럼에 따라 아이를 직접 지도하기도 했다. 물론 아버지뿐만 아니라 어머니 중에도 이런 분이 많았다. 어떤 학부모는 이과 출신 부모이니 가능한 게 아니냐고 반문할지도 모르겠다. 그러나 전혀 그렇지 않다는 걸 분명히 말하고 싶다. 내 지도 방법은 어렵지 않다. 어떤 학부모라도 이 방법으로 직접 지도할 수 있다. 이 방법에 관해서는 3부에서 자세히 다루도록 하겠다. 커리큘럼과 공부해야 할 내용, 지도 방법까지 구체적으로 정리했으니 믿고 따라하길 당부한다.

수학 공부를 좀 해본 사람들은 학교 수학이 얼마나 지루하고 느린가를 잘 안다. 공대 출신 아버지들이 나의 철학과 방법에 공감을 보내는 이유가 거기에 있다. 나는 궁극적으로 새로운 학교 수학을 원한다. 그렇지만 현실적으로 학교라는, 공교육의 강력한 힘과 영향력을 무시할 수는 없는 것 같다. 따라서 학교 수학을 기본으로 하되 약간의 여유를 두면서 보완하는 편이 좋다고 본다. 보완의 포인트는 속도와 개괄이다.

속도는 학교 수학보다는 10배 정도 빠르게 진도를 나가면서 중점 내용을 전체적으로 개괄하는 것이다. 학교 수학은 쉬지 않고 퍼즐을 맞추되 퍼즐 전체가 맞았을 때 무슨 일이 벌어지는가를 제대로 알려주지 않는다는 맹점이 있다. 반대로 **개괄**의 특징은 방정식을 하되 방정식은 수능에 어떤 비중에 있고 미적분을 하는 건 어떤 도움이 되는지를 설명한다는 특징이 있다.

간단히 말해 학교가 요구하는 인간형인 착실하고 모범적인 학생은 그대로 두되 내가 지향하는 인간형, 즉 유연하고 속도감이 가미된 유형의 학생이 많아졌으면 하는 바람이다.

새로운 학습 방법에 익숙해져라

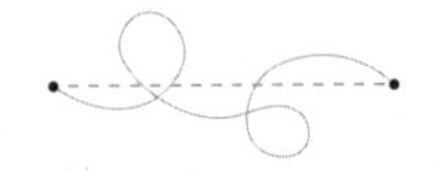

학교 수업의 문제점

5~6년 전부터 줌Zoom을 이용해 1:1 온라인 강의를 해왔다. 현재는 수업 대부분을 영상으로 하는데, 주 1회 30분 정도이다. 여기서 오해하지 말아야 할 것은 내 수업은 이미 녹화된 영상을 틀어주는 방식이 아니라는 점이다. 나는 과외처럼 학생 한 명 한 명에 맞춰, 각자의 수준과 기질에 맞는 수업을 한다. 간단히 말해 개별 맞춤식 화상 수업이라고 보면 된다. 개인적으로 공교육을 정상화하면 이 정도의 사교육으로도 충분하다고 보는 편이다. 그전에 공교육, 학교 수업에는 해결해야 할 여러 문제가 있다고 본다.

첫째, 개념을 이해시키기 위한 배경 설명이 거의 없다. 교사는 개념을 이해시키기 위해 먼저 배경 설명을 해야 한다. 하지만 우리나라 수학교육 시장에서 이런 배경 설명은 거의 없는 편이다. 수학교육을 석권했던 《수학의 정석》의 경우도 마찬가지이다. 이 책은 대략 다음과 같은 방식으로 구성되어 있다.

---

① 다음과 같이 정의한다

② 그에 따른 증명은 다음과 같다

③ 유제 풀이

④ 연습문제 풀이

학생에게 중요한 건 이 개념이 왜 그렇게 정의됐는지에 관한 설명이다. 그리고 이런 배경 설명으로 학생을 이해시킬 수 있어야 한다. 그러나 한국 수학교육은 애초에 그렇게 기술되어 있지 않다. 예를 들어, $a+2a=3a$에서 a가 동류항이므로 $1+2=3$이라고 이해할 수 있고 $3a$라고 답할 수 있다. 그런데 이렇게 설명하면 알아듣는 초등학생은 거의 없다. 우리나라 수학교육은 빨리 선진국 수학을 따라잡아야 하는 사회적 필요에 따라 성장했기에 배경 설명이 약한 편이다.

둘째, 증명 수업이 부족하다. 교사나 강사는 사범 대학교에서 수학 증명을 하도록 충분히 훈련받는다. 수학에서 증명이 그만큼 중요하기 때문이다. 그래서 실제로 수업하면서 증명을 꽤 하는 편이다. 다만 문제는 너무 기계적이고 일반적으로 처리해서 충분하지 않다는 점이다.

셋째, 수업 대부분이 문제 풀이다. 학교든 학원이든 수업 대부분이 문제를 푸는 방식으로 이뤄진다. 교사, 강사, 조교가 문제를 풀어주면 학생은 고개를 끄덕이며 이를 습득하는 체제다. 문제를 많이 다룰수록 공부를 많이 했다는 생각이 든다. 사정이 이렇다 보니 시험에 출제되는 문제의 수준이 높은 편이다. 많은 문제를 다루는 만큼 학교에서도 변별력 있는 문제를 내기가 까다로워졌다.

이런 상황에서 스스로 차분히 문제를 생각하고 답을 구하는 학생은 거의 없다. 스킬을 연마하는 게 아니라 공부 자체를 좋아하는 학생은 시험에서 좋은 점수를 받을 수 없는 형편이다. 현재 시험 자체가 상당한 숙련을 검증하는 문제 위주로 구성되어 있다. 따라서 문제를 생각할 겨를도 없이 그저 기계적으로 풀 뿐이다.

교사는 개념과 논리의 배경에 관해 충분히 소개하고 전달해야 한다. 그리고 나머지는 학생에게 맡겨야 한다. 의사의 일은 병명을 정확히 진단하는 것이다. 그 외 부수적인 일, 가령 주사나 링거를 놓는다든지 하는 일은 간호사에게 맡겨도 된다. 이처럼 교사도 문제 풀이보다도 더 중요한 부분에 집중해야 한다. 지금 대다수 학생들은 너무 수동적으로 공부하고 있다. 이런 수업 시스템은 당장은 효과적으로 보이지만, 장기적으로는 N수생을 양산할 수밖에 없다.

학교 수업의 한계를 넘어 학습하는 방법

1) 수업을 압도하는 콘텐츠를 활용하라

최근에는 학교 수업을 보완할 만한 양질의 콘텐츠, 유튜브를 비롯한 여러 다양한 콘텐츠가 점점 많아지고 있다. 개인적으로 양질의 콘텐츠를 제공하는 유튜브 채널 몇 가지를 추천하고 싶다. 수포자를 위한 채널, 공부 외 교양 수학을 다루는 채널, 고등학교 수학을 정석으로 다룬 채널 순으로 정리했다. 이 채널을 통해 학교 수업을 보완하고, 공부에 도움이 되면 좋겠다.

① 수학하는 땅우: 이 채널의 운영자 한상우 선생님이 자신을 '수포자 출신 수학 강사'라고 표명할 정도로 상대적으로 등급이 낮은 학생들을 대상으로 하는 영상들이 많이 올라온다. 수포자 학생들이 어떻게 수학 공부를 해야 하는지 공부법부터 멘탈 관리까지 다양한 내용을 다루고 있다.
② 이상엽Math: 이 채널은 수학을 일반인도 쉽게 접할 수 있도록 기초 개념부터 최신 수학 이론까지 폭넓게 다루고 있다. 입시 수학에서 벗어나 수학에 흥미를 가질 수 있을 만한 내용을 다루니 한번 방문해 보도록 하자.
③ 수악중독: 고등학교 수학을 기초 개념부터 수능 모의고사 문제 풀이까지 잘 정리해 놓았다. 문제별로 영상이 정리되어 있으며, 문제풀이가 깔끔하게 정리되어 있어 고등학교 수학을 맛보고자 하는 학생들에게 도움이 될 것이다.

2) 온라인의 단점을 보완한 1:1 줌 교육

온라인 교육과 오프라인 교육을 단순 비교하기는 어렵다. 대면 교육이 주는 강력한 힘 때문이다. 대면을 통해 우리는 많은 정보를 교환한다. 특히 말로 하기 어려운 비언어적 정보를 얻는다. '이 학생은 나를 불편해하는군', '오늘은 공부하기 싫어하는 분위기네' 등 교사는 학생의 표정을 통해서도 그들의 감정과 생각을 읽을 수 있다. 반면 온라인에는 언어로 정리할 수 있는 감정과 상태만 있다. 우리가 교육을 통해 오고 갔던 비언어적, 비논리적 측면들은 대부분 사라진다. 따라서 온라인 학습은 상대적으로 학습 의지가 명료한 학생에게 효과적이다. 정해진 시간에 컴퓨터를 켤 수 있고 그 시간 동안 수업에 집중하여 적절한 복습과 예습을 할 수 있는 학생 말이다.

의지박약인 학생은 어떻게 해야 할까? 1:1 줌 강의를 추천한다. 온라인이지만 줌 강의는 온라인의 단점을 보완할 수 있는 측면이 있다. 대면으로 강의가 이뤄지고 선생과 학생이 계속 소통할 수 있다. 강의 횟수는 주 1회, 30분 수업이면 충분하다. 지금의 수학 교과는 그 정도 수업으로도 충분히 해낼 수 있다. 물론 수업 외적으로 예습, 복습을 따로 해야 한다. 간혹 아이를 매일 학원에 맡겨 놓고 오랜 시간 공부시켜야만 공부를 잘할 거라고 생각하는 학부모가 있다. 꼭 그래야만 한다면 할 말은 없다. 그러나 운전면허 필기시험을 공부하는데 6개월간 매일 1시간씩 공부할 필요가 있을까? 당연히 그럴 필요는 없다. 내 강의도 주 1회, 30분 줌으로 수업한다.

3부에서 커리큘럼에 관해 자세히 다루겠지만, 간단히 언급하자면 나는 수업마다 커리큘럼을 아주 빠르게 나가는 편이다. 학교 교과서대로 나가지 않는다. 진도를 효율적으로 나가는 것이 목표이다. 1 대 1 맞춤형 수업으로 진행되며, 중간중간 테스트 문제를 통해 학생의 이해도를 체크한다. 구체적인 방법을 궁금해하는 독자가 있을 것 같아 내가 평소 수업하는 영상을 공개한다. 아래 QR코드를 통해 확인하면 좋겠다.

QR코드를 스캔하면 저자의 실제 <화상 수업> 영상을 보실 수 있습니다.

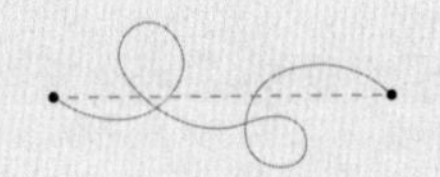

나는 교육혁신을 원하는 사람이다. 지금까지 답습해왔던 교과과정의 순서를 과감히 무시하고 새로 재구성하여 수업하는 것은 다소 혁신적인 일이고, 그래서 아직까지는 외부에서 우리와 같은 수업을 찾아보기는 힘든 듯하다. 꼭 나의 화상 수업을 수강하라고 하는 이야기가 아니다. 우리 연구소의 수업을 받을 수 있는 여건이 안되는 이들도 지름길 학습법을 따라갈 수 있도록 하기 위함이 이 책을 쓴 목적이다. 그래서 이 책의 3부에 각 단원의 수학적인 이야기와 함께 자세한 안내를 실었고 또 무료로 강의를 볼 수 있도록 독자들만을 위한 강의를 찍어서 QR코드로 만들었다. 이 책의 내용을 잘 숙지하고, 개인적으로 받을 수 있는 과외선생님이 있다면 지름길 커리큘럼대로 가르쳐달라 요청해보아도 좋고, 부모님이 먼저 나의 무료 강의를 듣고 자녀를 지도해보는 것도 좋겠다.

자기 컨트롤이 안 되는 학생이라면

인간은 일상생활에 필요한 많은 부분을 무의식 속에 묶어 둔다. 걸으면서 다른 생각을 할 수 있고 밥을 먹으면서 스마트폰을 볼 수 있는 이유다. 값비싼 고속 컴퓨터인 두뇌를 아끼기 위해 인간은 꼭 필요한 일에만 의식이라는 뇌 기능을 사용한다. 학교와 현장에도 대부분 루틴, 무의식의 세계다. 그러나 코로나19로 인해 우리는 루틴 자체가 무너지는 경험을 했다. 일정 시간에 일어나서 학교에 가는 것, 수업 시간은 피곤하고 졸려도 앉아 있어야 한다는 등의 무의식 세계를 말이다. 이때도 줌을 통한 1:1 수업은 이런 영역에서 서비스를 제공했다. 줌 수업은 꽤 유용했는데 물론 앞에서 말한 대로 정해진 시간에 컴퓨터를 켤 수 있고, 그 시간 동안 수업에 집중해서 학습하는 학생의 경우에 그렇기는 하다.

문제는 자기 컨트롤이 안되는 학생이다. 예전에 서울 금천구에서 수포자 여럿을 데리고 수업한 적이 있다. 한 번이라도 학생들을 가르쳐 본 사람은 잘 알 것이다. 똑똑한 학생을 가르치는 것보다 이런 학생을 가르치는 게 몇 배는 더 힘들다는 사실을 말이다. 심적으로 더 힘들었던 부분은 자녀가 수포자에 가까울수록 부모가 교육을 위해 돈을 지불하는 데 매우 인색하다는 점이었다. 따라서 경험에 비춰볼 때 수포자 교육은 사교육 시장에서 유지되기 어렵다고 본다. 보통 이런 경우 공부를 통해 활로를 찾는 것은 거의 불가능에 가깝다. 10년 정도 선생을 했으니 아주 경험이 많다고는 볼 수 없지만, 조심스레 말하자면 수포자 교육은 잠시나마 성공할 수는 있어도 장기적으로 안정적인 성공은 기대하기 어렵다.

초등학교 6학년인 남학생이 있었다. 아이는 한눈에 봐도 관계형, 감정형에 가까운 학생이었다. 그래서 교사와의 정서적 애착이 매우 중요했다. 이 학생은 공부에 좀처럼 뜻이 없고, 소질도 없었다. 부모와 상담 끝에 나는 아이가 봉사와 대인관계에 특별한 달란트가 있음을 알았다. 부모에게 공부보다 더 달란트가 있는 방향으로 유도할 것을 권한 적이 있다. 교육 현장에는 이런 예가 많다. 그런 경우 공부 이외에 잘할 수 있는 분야로 활로를 열어줘야 한다.

초4~중1에 사활을 걸어라

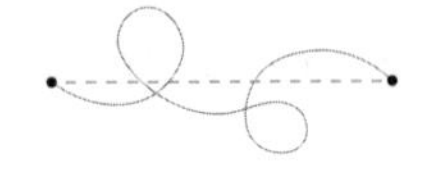

3부에 들어가기에 앞서 내 공부법의 주요 대상이 초등학교 4학년에서 중학교 1학년인 이유를 자세히 소개하려 한다. 나는 원래 주로 고등학교 2~3학년을 가르쳐 왔다. 그런데 이들을 가르치며 한계를 느낄 때가 많았다. 내가 해줄 수 있는 건 그저 정해진 문제를 풀어주는 정도였다. 그 정도로 시간과 상황의 제약이 많았다. 앞서 말했지만, 고등학교에 들어가면 수능형 문제 풀이 위주로 공부하기에도 벅차다. 그래서 가르치는 내내 문제 풀이 위주의 방식은 내 교육법과 맞지 않는다는 생각을 많이 했다. 교육혁신을 위해서는 좀 더 아래 학년에서 시작할 필요가 있겠다고 판단했다. 그렇게 점점 가르치는 대상의 학년이 내려가 지금은 초등학교 4학년 정도의 학생부터 가르친다. 굳이 초4인 이유는 개인적으로 초3은 너무 어리지 않나 하는 생각 때문이다. (간혹 초등학교 2~3학년 중에서도 공부를 좋아하는 학생이 있는데 이 경우는 적극적으로 공부를 시키는 것이 옳다고 본다.)

또 다른 이유는 초4부터 시험이 시작되기 전인 중1까지는 무려 4년이라는 시간이 있기 때문이다. 이 4년 동안 많은 시도를 해볼 수 있다는 장점이 있다. 보통의 경우는 다람쥐 쳇바퀴 돌 듯이 고만고만한 수학을 반복하는 것에 반해 이런 경우라면 여러 시도를 통해 좋은 결과를 얻을 가능성이 크다. 내가 초4~중1을 주목하는 이유가 바로 여기에 있다.

중학교 1학년까지로 가르치는 대상의 한계를 정한 이유도 있다. 중학교 2학년이 되면 시험이 시작된다. 학생은 내신이나 진학에 집중해야 하고 이를 위해서는 내가 그렇게 바로 잡고 싶어 했던 방식의 수학을 다시 해야만 했다. 학생의 시험과 입시에 대한 중압감은 어쩔 도리가 없었다. 경험에 따르면 학생이 시험을 보기 시작하면 생활 습관, 자세 등이 현저히 달라진다. 이전까지 내 교육법을 따랐어도 이제 시험을 봐야 하니 그 기준에 맞출 수밖에 없다. 그리고 다양한 고등학교 입시 또는 진로 모색이 이뤄진다. 물론 이때 사는 지역, 부모님, 학원 등 여러 요인에 따라 차이가 난다.

공부를 좋아하고 잘하는 학생이라면 초등학교 중, 저학년 정도부터 공부에 특별한 흥미를 보인다. 그래서 부모 요인이 강하게 작용하는 초등학교 4학년부터 중학교 1학년이 내 공부법으로 가르치기에 가장 적합한 시기다. 그중에서도 특히 초등학교 5~6학년 정도가 핵심

시기인 것 같다. 아직 본격적으로 입시와 시험이 시작되지 않는 시점에 새로운 수학을 해보자는 것이다. 그러면 구체적으로 무엇을, 어떻게 하면 좋을까?

간결하게 하라

앞서 우리가 가야 할 목적지는 수능이라고 언급했다. 여기에 도달하기 위해 KTX에 탑승해야 한다. KTX는 무궁화호처럼 모든 역에 정차하지 않는다. 권장하는 수학 공부도 이와 비슷하다. 초등학교 4학년부터 중학교 3학년의 '루트'를 가르치기 시작하고, 바로 고등학교 2학년 때 배우는 '지수'와 '로그함수'를 가르치자는 거다. 초4~중1 시기 동안 사활을 걸어서 미적분을 학습할 준비를 시키는 것이다. 그렇게 중학교 2학년 정도가 되면 학생 수준에 따라 미적분을 할 수 있다. 사실 개인적인 생각으로는 중학교 1학년 때 해도 무방하다고 생각한다. 나는 이런 과정을 많이 시도해 봤고 앞서 설명한 대로 나름 드라마틱한 성과가 있었다.

중요한 것은 불필요한 공부는 하지 않는다는 점이다. 분수, 소수의 복잡한 계산이나 약수, 배수, 문장제, 도형 등이 그 예이다. 이런 학습은 학교에서 하는 것만으로도 이미 충분하다. 어쩌면 그 정도로는 부족하다고 말하는 사람이 있을지도 모르겠다. 학교 수업은 수업대로 잘하고, 선행도 선행대로 잘해야 한다고 생각할 수 있으나 기회비용은 어디에서나 발생한다. 학교 수업 내용에 집중하는 만큼 더 많이 할 수 있는 선행의 기회를 잃는 건 막을 도리가 없다.

쓸데없는 공부 대신에 '방정식'과 '함수', '지수 · 로그'와 '수열' 정도는 선행을 통해 기본기를 탄탄히 하길 권한다. 이차방정식의 풀이와 일차, 이차함수의 개형 그리기, 지수 · 로그 계산 문제와 등차수열, 등비수열 같은 단원을 말한다. 이때, 무리하게 심화 과정까지 들어가지 말고 기본이 되는 내용을 반복 학습하여 익숙해지는 것을 핵심으로 삼아야 한다. 물론 많은 시간을 할애해야 달성할 수 있는 분량이긴 하다. 또한 내신 대비에 약하고, 어려운 문제는 잘 못 푼다는 한계도 있다. 목적과 목표의 기준을 어디에 두느냐에 따라 선택이 달라지겠지만, 좋은 선행과 적절한 자기 관리가 이뤄진다면 이런 선행을 통해서 수능에 유리한 지점을 차지하기에 충분히 승산이 있다고 본다.

3부에서는 위 내용을 바탕으로 학년별 커리큘럼과 공부해야 할 내용을 자세히 다루겠다. 이 내용을 참고한다면 학부모 입장에서 아이를 지도하기가 훨씬 수월해질 것이다.

3부

수학의 지름길을 찾는 공부법

부모님을 위한 안내문

3부에는 지름길 수학공부법의 핵심 대상인 초등학교 4학년에서 중학교 1학년 학생을 위한 공부법을 소개합니다. '초등학교 4학년~중학교 1학년' 기간에 이 커리큘럼을 따라서 공부한다면, 수학의 가장 핵심적인 부분을 제대로 선행할 수 있습니다. 그렇게 함으로써 이후 다른 단원을 공부할 때도 그간의 공부법으로 인해 이해하기가 쉬워집니다. 그뿐만 아니라 훗날 고등학교 2~3학년이 되어 다들 본격적으로 수능 범위 내용을 공부할 때, 이 공부법을 익힌 학생은 문제 풀이에만 집중하면 됩니다. 즉 수능 시험 범위에 해당하는 핵심 내용의 선행, 이로 인한 높은 학습 이해도, 그리고 문제 풀이를 통한 스킬 연마는 다른 수험생과 비교할 때 여러모로 경쟁에서 유리한 고지를 차지하리라 자부합니다.

3부는 초등학교, 중학교, 고등학교의 순차적 학습 단계를 뛰어넘어 우리의 종착지인 수능 수학에 일찍 도착할 수 있도록 관련 내용을 모으고 구성했습니다. 다만, 해당 내용 설명이 필요하여 각 단원을 개괄하였는데 읽으면서 수학 공부하는 느낌을 받으실지도 모르겠습니다. 그러나 3부의 목적은 학부모님에게 수학을 가르치는 것이 아닌, 수학의 지름길 학습 요령을 전달하는 것임을 기억해 주시길 바랍니다.

단원마다 개요를 실었고, 이 책만 반복해도 실력이 향상될 수 있도록 꼭 학습해야 할 부분만을 엄선했습니다. 무엇보다 각 단원 끝에 해당 내용의 정리를 돕고 학습 요점을 강조하기 위해 〈이렇게 지도해 주세요〉를 배치하였습니다. 단원 지도의 마무리로 활용하시면 좋습니다.

또한 중학교 2학년과 3학년 때 적용하면 좋을 학습 지도법도 담았습니다. 고등학교 입학 전, 여기 3부에서 안내하는 단원을 제대로 정복한다면 입시에서 원하는 결과에 한층 가까워질 것입니다. 따라서 다소 생소하고 어렵게 느껴지더라도 3부에서 소개하는 방법을 익혀주시길 거듭 당부드립니다.

민경우 수학교육연구소

mkw1972@hanmail.net

문의처: 010-9769-9079

다시 한번 확인!

초4~중1 지름길 학습 로드맵

학습주요단원	학습목표
지수·루트·로그	수 체계의 확대
방정식	고등 수학의 기반학문
함수	미적분의 기반학문

추가단원

수열 – 여러 가지로 활용

확률과 통계 – 고3 때 문과가 선택

좌표기하와 삼각비 – 미적분의 기반학문

수학의 한 차원을 높이는 지수 · 루트 · 로그

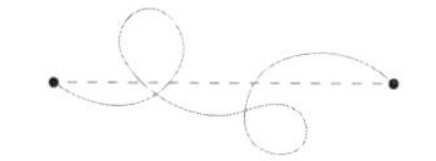

수학의 지름길로 향하는 공부법은 초등학교 4학년에서 중학교 1학년이 핵심 대상이다. 그래서 여기서부터는 구체적인 공부의 커리큘럼을 다루고자 한다. 대상은 초등학교 4학년부터 중학교 1학년이기에 학부모의 꼼꼼한 지도가 절실하다. 개인적인 경험에 비춰보면 학부모가 이 공부법을 제대로 이해하고 있어야 자녀의 성공이 보장되는 경우가 많았다. 되도록 이해하기 쉽게 서술하려 했고 단원 설명이 끝나는 곳마다 중점 사항을 정리해 두었다. 내가 제시하는 수학의 지름길로 향하는 공부법의 커리큘럼을 개괄하면 다음과 같다.

---

1. 지수 · 루트 · 로그　2. 방정식　3. 함수　4. 기타

이 기간에는 지수 · 루트 · 로그와 방정식, 함수가 핵심이다. 그 외 다루는 내용은 상황에 따라 동시에 공부해도 좋고, 시간이 될 때 공부해도 좋을 듯하다. 먼저 지수 · 루트 · 로그에 대해 알아보자. 수학은 당연하게도 수를 다룬다. 그런데 수는 역사적으로 시대마다 수준이 다 달랐다. 인류 역사를 획기적으로 바꿨던 사건은 '곱하기'였다. 예를 들어, 양 떼가 4마리씩 5무리가 있다고 생각해 보자. 이때 양 떼가 몇 마리인지 세는 방법은 여러 가지가 있을 수 있다. 그냥 쉽게 한 마리, 두 마리, 세 마리처럼 일일이 셀 수도 있다. 양이 20마리 정도라면 어찌어찌 가능할 것이다. 그러나 양의 수가 100마리, 1000마리가 된다면 어떨까? 수가 많아지면 일일이 세기는 어려워진다. 사실 하나씩 20마리를 세는 것도 과거 우리 조상 중 일부만 가능했던 일이었다. 원시인이 살던 시대에는 가장 머리가 똑똑한 사람만 이 일을 해낼 수 있었을 것이다. 그런데 인류는 여기서 한 발짝 더 나가게 된다. 만약 양 떼가 4마리씩 5줄로 서 있다면 어떨까? $4+4+4+4+4$ 또는 $5+5+5+5$라고 할 수 있다. 이렇게 수를 늘어놓았을 때 이를 4×5 또는 5×4로 약속하는 것이다. '곱하기'의 도입이다. 일상에서 우리는 곱하기의 시대를 살고 있다. 그러나 문명이 발달하면서 우리는 곱하기를 새롭게 정의해 거기에 숨결을 불어 넣고 있다. $3\times3\times3\times3$와 같이 똑같은 수를 거듭해 곱할 때 이를 3^4와 같이 간단히 쓰기로 한 것이다. 수학에서는 이를 '지수'라고 부른다. 수학은 시대마다 수준이 다르다. 더하기를 아무리 많이 써도 그것은 더하기일 뿐이다. 한 단계 수준을 높여 곱하기에 도전해야 한다. 마찬가지로 곱하기를 아무리 써도 그것은 곱하기에 불과하다. 하루빨리 곱하기를 넘어 지수에 도전해야 한다.

곱하기를 넘어선 인류는 새로운 성취에 도전한다. 바로 직각에 관한 것이다. 고대 이집트인은 피라미드를 만들 때, 건축물의 구조적 안전성을 위해 정확한 직각을 유지해야만 했다. 왜냐면 직각은 지구의 중력과 연결되어 있기 때문이다. 인류에게 가장 익숙한 도형 중 하나는 하늘로 치솟은 침엽수인데 이들이 정확한 직각을 유지하는 이유도 지구의 중력 때문이다. 아무튼 이러한 직각이 있는 삼각형, 직각삼각형을 통해 세상을 효과적으로 다루기 시작하였다. 직각삼각형 사이에는 흥미로운 관계가 있다. 빗변을 한 변으로 하는 정사각형의 넓이는 다른 두 변을 각각 한 변으로 하는 두 개의 정사각형의 넓이를 합한 것과 같다. 이것이 유명한 '피타고라스의 정리'이다. 그런데 문제가 생겼다. 아래와 같은 직각삼각형에서 피타고라스의 정리가 맞으면 $x^2=2$ 인데 그때까지 알던 어떤 수도 x를 만족하는 수를 찾을 수 없었던 것이다.

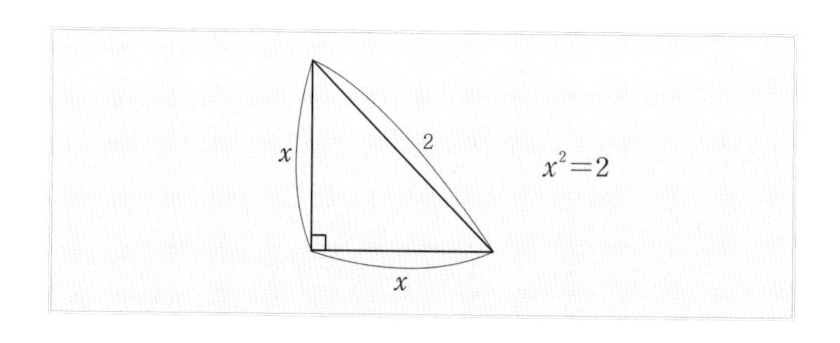

사람들은 고민을 거듭하다가 x의 값을 $\sqrt{2}$라고 했다. 루트($\sqrt{\ }$)라는 약속을 통해 해결한 것이다. 그런데 돌이켜 보면 굳이 그럴 필요가 없었다. $x^2=2$에서 좌변의 2를 1로 바꾸면 된다. $(x^2)^{\frac{1}{2}}=2^{\frac{1}{2}}$이므로 $x=2^{\frac{1}{2}}$이다. 따라서 $\sqrt{2}=2^{\frac{1}{2}}$이다. 다른 예로 $x^{100}=2$에서 $x=\sqrt[100]{2}=2^{\frac{1}{100}}$이다. 결국 루트는 새로운 개념이라기보단 유리수인 지수의 다른 이름이었던 것이다. 여기서 지수란 $2^{\frac{1}{2}}$, $2^{\frac{1}{100}}$에서 각각 $\frac{1}{2}$과 $\frac{1}{100}$을 말한다.

다른 상황을 생각해 보자. $(2^x=3)$이라는 상황을 생각해 볼 수 있다. 역시 x를 어떻게 표현할지가 문제이다. 사람들은 이를 $(x=\log_2 3)$이라고 쓰기로 했다. 로그 역시 지수를 길들이려는 수학적 시도이다. 지수 · 루트 · 로그가 모두 그러하듯 이들 모두는 지수라는 관점에서 통합되어 있다. 따라서 $(\log_2\sqrt{2})$를 예로 들면 어려워 보이지만, 지수 관점에서는 모두 통하기 때문에 계산이 가능하다. $x=\log_2\sqrt{2}$, $2^x=2^{\frac{1}{2}}$, $x=\frac{1}{2}$이다. 계산해 보니 생각보다 쉽다는 걸 알 수 있다. 따라서 지수 · 루트 · 로그는 서로 다른 개별적 개념이 아니라 지수 관점에서 모두 통한다는 점을 잊지 말기 바란다. 이 사실을 알게 되면 아이들의 수학 이해도는 한층 성장할 것이다.

수학의 도약

현재 우리 아이들 수준에서 구구단은 학교에서 배울 이유가 별로 없다. 구구단 정도는 사회 전체가 이미 받아들였기 때문이다. 유치원에서도 다루고, 가정에서도 다루는 구구단을 학교에서 오랜 시간 잡고 있을 이유는 없다. 아이들에게 지수를 먼저 가르쳐야 하는 이유 중 하나는 지수가 아주 작은 세계를 다루기 때문이다. 원자핵의 지름은 대략 $\frac{1}{10000\cdots0}$ 정도라고 한다. 분모에서 1 뒤에 붙는 0이 15개 정도이다. 인류는 원자 안의 세계를 탐구하면서 원자 폭탄을 만들고 태양이 지닌 거대한 에너지의 기원을 알 수 있었다. 지수를 안다면 원자핵의 지름도 쉽게 적을 수 있다. 사람들은 $\frac{1}{10^{15}}$도 복잡해 보였는지 이후에는 10^{-15}로 적었다. 갑자기 마이너스(-)가 나와 당황하는 사람이 있을지 모르겠다.

사람들은 아주 작은 세계를 다루기 위해 마이너스(-)를 생각해 냈다. 다음 예시를 보자. $2^3=8$, $2^2=4$, $2^1=2$이다. 여기까지는 자연현상을 수학적으로 표현한 것이다. 그렇다면 2^0은 어떻게 표현할 수 있을까? 2를 0제곱한다는 것은 말이 되지 않는다. 그러나 수학은 의미보다 형식이 더 중요하다. $2^3=8$, $2^2=4$, $2^1=2$에서 좌변의 지수가 3, 2, 1처럼 하나씩 작아질 때 우변은 8, 4, 2처럼 $\frac{1}{2}$씩 작아진다. 따라서 좌변이 하나씩 작아질 때 우변은 바로 전 값의 절반이 된다. 즉 $2^0=1$이고 $2^{-1}=\frac{1}{2}$이다. 이렇게 하는 이유는 분모가 커질 때 쉽게 표기하기 위함이다.

독자로서는 이런 사실을 아는 게 무슨 의미가 있냐고 반문할 수도 있겠다. 그러나 덧셈→곱하기→지수→루트, 로그로 이어지는 수의 세계는 '수의 확장'을 의미한다. 수학을 잘하기 위해서는 수학을 더 넓고 깊게 이해할 수 있어야 한다. 그 첫 도약이 바로 지수 관점에서 모두 통하는 지수, 루트, 로그다.

지수 · 루트 · 로그를 기본으로 하자

지수, 루트, 로그는 고2와 중3 때 배운다. 하지만 나는 이를 초등학교 4~5학년 때 해야 한다고 강조한다. 지름길 수학공부법의 출발을 지수 · 루트 · 로그로 하자는 이유를 정리해 보겠다.

첫째로 이 방법은 생각보다 쉽기 때문이다. 다시 말하지만 $\frac{1}{2}+\frac{1}{3}=\frac{5}{6}$보다 $\sqrt{8}=2\sqrt{2}$가 더 쉽다. $\frac{1}{2}+\frac{1}{3}$을 계산하려면 일단 통분해 $\frac{3}{6}+\frac{2}{6}$를 만든 후 분모는 그대로 두고 분자만 더해 $\frac{5}{6}$로 만들어야 한다. 수학의 기본을 세우는 과정에서 이런 정도의 복잡성을 갖는 계산은 좀처럼 없다. 반면 루트 계산이라고 해봐야 피타고라스의 정리 최종 국면에서 $x^2=2$에서 좌변의 지수 2를 없애는 대신 우변에 루트를 씌우면 그만이다. 이런 식으로 문제를 확장하면 심지어 고2, 고3 때 나오는 지수 · 로그 문제도 꽤 많이 풀 수 있다.

둘째로 고등학교 2학년 수학으로 점프할 수 있다는 점이다. 루트는 중학교 3학년에서 다루고 지수 · 로그는 고등학교 2학년 정도에서 다룬다. 중학교 1학년에서 고등학교 1학년 수학까지의 결정적인 문제점은 '산만함'이다. 다양한 수학 교과가 끝을 알 수 없을 정도로 산만하게 기술되었고 내신, 학원에서는 이를 더 확대해서 상황을 더욱 악화시킨다. 여기서 지수 · 루트 · 로그를 먼저 다루는 것은 알렉산더가 매듭을 단번에 풀었던 것과 같이 현명하다. 지수 · 루트 · 로그를 다루면 진도가 한꺼번에 지수 · 로그 그리고 그것을 활용한 함수로 비약한다. 중학교 1학년부터 고등학교 1학년까지의 수학을 쉽게 처리하고 고등학교 2학년부터 새롭게 시작하는 것이다.

셋째로 지수 · 루트 · 로그를 기본으로 하는 것이 현대 사회에 맞다. 곱셈을 다루는 문장은 보통 너무 예스럽고 생활적인 내용을 담고 있는 경우가 많다. 예를 들면 일차연립방정식 문제를 다룰 때 다음과 같은 문제이다.

닭이 x마리, 돼지가 y마리가 있는데 닭과 돼지를 합해 10마리이고 닭 다리와 돼지 다리를 모두 합하면 24개다.
닭과 돼지는 각각 몇 마리인가? 다리는 각각 몇 개인가?

굳이 풀이하진 않겠다. 이 문제를 예로 든 것은 곱셈을 다루는 문제는 닭 다리, 돼지 다리처럼 몇십 년 전에 다루던 소재를 사용한다는 점이다. 그러나 지수 · 로그 단원에 나오는 문제는 전혀 다르다. 아래 문제는 <2016년 3월 고2 나형 모의고사> 문제 중 하나이다. 컴퓨터 처리와 관련된 내용을 다루고 있다.

9. 어떤 알고리즘에서 N개의 자료를 처리할 때의 시간복잡도를 T라 하면 다음과 같은 관계식이 성립한다고 한다.

$$\frac{T}{N}=\log N$$

100개의 자료를 처리할 때의 시간복잡도를 T_1, 1000개의 자료를 처리할 때의 시간복잡도를 T_2라 할 때, $\frac{T_2}{T_1}$의 값은? [3점]

① 15 ② 20 ③ 25 ④ 30 ⑤ 35

학교에서는 이런 문제를 풀 때 그냥 수식에 대입해 문제를 풀 수 있다. 그러나 이 문제는 자료가 10배 늘어나면 시간복잡도는 15배 늘어난다. 즉 '정보 처리'와 관련한 내용을 다루는 문제다. 이렇듯 곱셈과 지수 · 루트 · 로그는 차원이 다르다. 그러므로 초등학교 4학년 때 여기에 도전하는 것만으로도 수학 공부에 많은 발전을 이룰 수 있을 것이다.

덧붙이자면 지수 · 루트 · 로그부터 배워야 하는 또 다른 이유는 그것이 수학의 본성에 맞기 때문이다. 수학은 두 부분으로 구성된다. 자연수와 분수, 소수의 영역과 지수 · 루트 · 로그의 영역이다. 둘 다 모두 수학이라는 큰 범주 안에 속한다는 점에서 같지만, 체현하는 수학적 레벨은 다르다. 앞의 수학은 자연현상 세계, 뒤의 수학은 복잡한 과학 세계에 좀 더 가깝다.

우리는 수학과 과학이 긴밀히 연결되어야 한다고 주장한다. 그런데 수학과 과학은 원리적으로 보면 동떨어져 보이기도 한다. 엄밀히 말해, 고차원적으로 깊숙이 파고들면 두 분야는 학술적인 면에서 다소 거리가 있지만, 일상적인 영역에서 우리는 끊임없이 수학과 과학을 접목해야 한다. 우리의 일상은 나날이 복잡해지고 발달하는 과학기술로 가득하고, 그것을 설명하기 위해 더욱 수학이 필요해진 까닭이다. 한편 학교 수학은 과학과 거리를 두고, 수학만의 세계를 구축해야 한다는 관점을 유지한다. 그러나 내 생각은 다르다. 초중등 수학의 세계에서는 좀 더 넓은 시야로 좀 더 먼 미래까지 생각할 수 있어야 한다.

즉 지수 · 루트 · 로그를 빨리 받아들이고 공부하면 수학뿐만 아니라 물리와 화학, 천문학과 지질의 세계까지 배움의 영역이 확장된다. 굳이 수학과 과학을 나누지 말고, 배우는 순서를 따지지 말고 한 번에 다 하자. 멀티 퓨전 융합은 바로 이런 게 아니겠는가?

<이렇게 지도해 주세요>

① 지수·루트·로그를 학습하는 본문에는 다양한 예시가 제시되어 있습니다. 처음 접하는 어려운 개념보다는 예시를 활용해 설명해 주세요.
② 지수·루트·로그 모두 지수 관점에서 통한다는 점을 이해할 수 있어야 합니다.
③ 이번 단원의 핵심은 '수의 확장'입니다. '덧셈→곱하기→지수→루트, 로그'로 이어지는 흐름을 잘 이해할 수 있도록 지도해 주세요.

방정식 1

숫자 대신 문자를 사용하는 대수

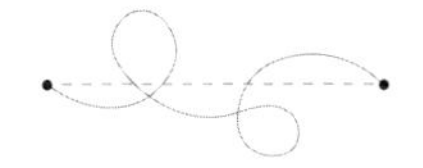

다음 단원은 방정식이다. 방정식은 내용이 조금 많아 세 단원으로 나눴다. 방정식은 다음 5가지로 구성된다. 첫째로 대수의 응용으로서의 방정식, 둘째로 방정식의 기계적인 풀이, 셋째로 방정식과 관련된 문장제 문제, 넷째로 방정식과 수, 다섯째로 기타 방정식 관련 이론 등이다. 복잡하게 생각하지 말자. 앞으로 하나씩 차근차근 살펴보도록 하겠다.

방정식과 대수

수학이 발달하면서 인류는 수 대신 문자를 사용하는 새로운 세계를 개척했다. 수를 대신한다고 해서 '대수代數'라고 통칭한다. 대수는 주로 방정식과 함수에서 쓰인다. 예를 들자면 방정식에서 x는 미지수를, 함수에서 x, y는 변수를 뜻한다.

대수는 나름의 규칙과 법칙이 있다. 대표적인 것은 '동류항'과 '이항'이다. 동류항은 수학뿐만 아니라 일상생활에서도 폭넓게 사용하기에 생각보다 쉽다. 예를 들어, 강아지 3마리가 걸어갈 때 우리는 강아지의 특징, 성별을 무시하고 모두 강아지로 처리한다. 강아지의 세세한 특징까지 고려하는 것은 시간 낭비이기 때문이다. 이때 강아지가 동류항이다. 반면 강아지 3마리와 고양이 2마리는 함께 계산할 수 없다. 왜냐하면 강아지와 고양이는 동류항이 아니기 때문이다. 앞서 말한 x와 y는 강아지와 고양이를 수학적으로 바꿔 놓은 것에 불과하기에 동류항을 비롯한 대수의 기본 개념을 익히는 것은 어렵지 않을 것이다. 경험에 따르면 초등학교 4학년 정도라면 동류항, 대수 계산이 가장 쉽다. 구체적으로 $x(x+3)=x^2+3x$, $(x+1)(x+3)=x^2+4x+3$와 같이 이차방정식 풀이를 염두에 두고 연습해 봐도 충분히 풀 수 있을 것이다.

자연을 뛰어넘는 이항

방정식 풀이의 또 다른 핵심 개념 중 하나는 바로 '이항'이다. 방정식 풀이는 저울로 설명하면 이해가 쉬울 듯하다.

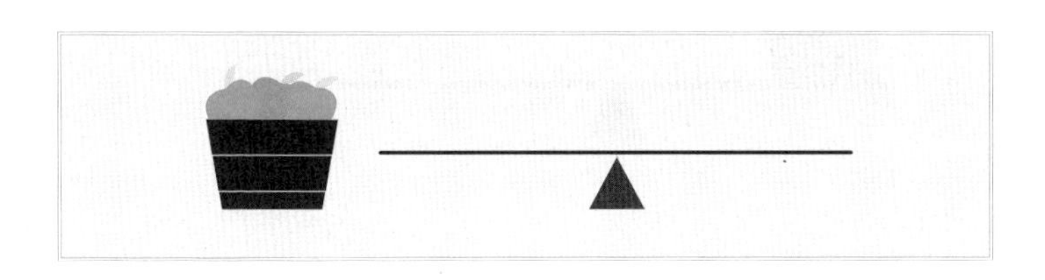

여기에 사과 몇 개가 들어 있는 사과 상자가 있다고 하자. 사과 상자를 열어보지 않고 사과가 몇 개 들어 있는지 맞히는 게 문제다. 그런데 옆에 저울이 있다. 이 저울을 사용한다면 사과 상자를 올리고 반대편에 사과를 몇 개씩 올려놓고 평형을 맞춰볼 수 있을 것이다. 상자 반대편에 사과 3개를 올려놓았는데 평형이 맞았다면 사과 상자에는 3개의 사과가 들어 있는 셈이다. 물론 터무니없는 추론일 수 있다. 우리는 사과 상자의 무게를 고려하지 않았고, 사과 3개의 무게가 모두 같다고 가정했다. 그런데 이것은 앞서 우리가 강아지 3마리를 모두 같은 강아지로 취급한 것과 같다. 이것을 동류항이라 했었다. 수학에서 이런 사고는 '추상'이라고 한다. 모두 같은 것으로 취급하는 것도 추상에 속한다. 수학의 핵심 기능이라 할 수 있다.

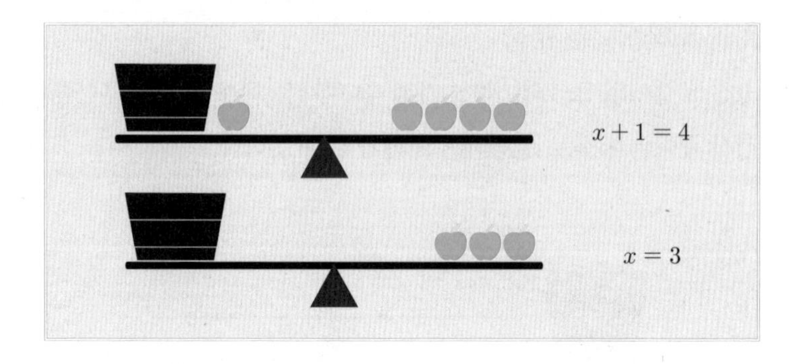

위와 같은 상황이라면 $x+1=4$라고 할 수 있다. 여기서 사과 상자에 들어 있는 사과의 숫자 x를 알기 위해선 저울 양편에 사과를 하나씩 덜어내면 된다. 그럼 $x=3$이 된다.

이 과정을 수식으로 표현해 보자.

$$x+1=4$$
$$x+1-1=4-1$$
$$x+0=3$$
$$x=3$$

대부분은 그냥 암산으로 처리할 수 있을 정도로 비교적 간단해 보이지만, 사실 이 수식에는 수학의 핵심이 가득 들었다. 먼저 $1-1=0$으로 처리한 점이다. 쉽게 말하면 사과 1개가 있었는데 사과 1개를 먹은 것과 같다. 일상생활에서 보면 이제 사과는 '없다'. 토끼 사냥을 갔는데 아무리 애를 써도 토끼를 잡지 못했으면 토끼를 '못 잡았다.'라고 하는 게 맞다. 그런데 위 수식에서는 사과가 이제 더 이상 없다는 것을 숫자 0으로 표현했다. 수학에서는 '아무것도 없다'라는 자연현상을 0으로 표현해 수학적 질서 안으로 들어오게 한다. 따라서 $x+$없다$=3$ 이 아니라 $x+0=3$이라고 표현할 수 있다. 이제 이 과정에서 중간 과정을 생략하면 다음과 같다. $x=4-1$로 쓰는 것이다. 좌변의 1이 등호를 넘어 항을 옮길 때, 마치 부호가 변하는 것처럼 간주하는 것이다. 우리는 이것을 항이 넘어갔다고 하여 '이항'이라고 부른다.

이항은 강력한 힘을 발휘한다. 앞서 설명한 사과 상자의 예를 들어 보자. 위 상황은 한쪽에 사과 상자를 올리고, 다른 한쪽에 사과를 올려 평형을 맞추는 상황이었다. 그런데 이항을 활용하면 위와 같은 자연현상의 제약을 넘어 자유로운 수식 전개가 가능하다. 만약 이항이 없었다면 우리는 자유로운 수식 전개를 할 수 없었을 것이고, 수학은 자연이라는 결정적인 한계에 묶였을 것이다. 이런 점에서 수학은 자연에 뿌리를 두고 있지만 자연 너머에 존재한다고 말할 수 있다.

내 경험상 아이들이 대수를 이해하는 것은 어렵지 않을 것이다. 초등학교 4~5학년 정도면 충분하다. 수학을 잘 못하는 아이도 조금만 연습하면 쉽게 풀 수 있다. 그런데 어려운 것은 동류항이다. 앞서 설명한 대로 사과 3개가 각각 모두 같다는 것을 이해해야 한다. 그런데 학생은 사과가 각각 다른데 어떻게 같냐고 반문할 수 있다. 그리고 강아지 3마리를 품종, 성별, 생김새와 상관없이 같게 취급한다고 하면 어려워할 수 있다. 이럴 땐 수학에서 '추상'을 통해 약속한 것이라고 잘 설명해 줘야 한다. 이것만 이해한다면 나머지 이항 계산은 쉽게 풀이할 수 있을 것이다. 오히려 x와 y는 일상생활에서 많이 접했을 것이기에 사과, 강아지보다 더 쉽게 받아들일 수 있다.

앞에서 잠깐 언급한 숫자 0과 관련한 추억이 있다. 10년 전, 처음 수학을 가르쳤을 때 EBS의 다큐멘터리 〈문명과 수학〉을 인상 깊게 본 적이 있다. 이 다큐멘터리 3부에는 숫자 0의 발견에 관한 내용이 등장한다. 숫자 0의 발견은 수학사에서 대혁명과도 같은 일이다. 이 0의 발견으로 인해 일상적인 계산에서는 필요 없던 0의 가치를 재정립할 수 있었기 때문이다. 예를 들자면

$$x+1=5$$

$$x+1-1=5-1$$

$$x+0=4$$

$x=4$에서 색칠한 부분을 0이라고 할 수 없다면 계산이 진행될 수 없음을 간파한 것이었다. 지금 생각해도 명장면이다. 무엇보다 이 다큐멘터리는 나에게 수학의 본질을 곱씹게 해준 아주 고마운 영상이다. 만약 기회가 된다면 가끔은 학생과 함께 수학 관련 다

큐멘터리를 보길 바란다. 수학 공부의 동기부여와 배경적 지식을 얻는 데 유익할 것이다. 경험에 비춰볼 때 일반인이 봐도 좋겠다. 여태껏 그 많은 수학 공부를 왜 했는지를, 수학의 본질을 알 수 있을 것이다.

<이렇게 지도해 주세요>

① 사과, 강아지, 고양이 등 일상생활에서 볼 수 있는 것을 통해 '동류항' 개념을 설명해 주세요.
② 동류항에서는 사과, 강아지가 '추상'을 통해 모두 같은 것으로 취급된다는 점을 이해시켜 주세요.
③ 동류항 개념이 이해되었다면, 다음으로 사과, 강아지 등이 '대수'라는 개념을 통해 x, y로 표현됨을 알려주세요.
④ 이제 위와 같은 내용을 통해 '이항'을 설명하고, 쉬운 문제부터 차근차근 함께 풀어 주세요.

방정식 2

수학의 형식주의를 이해하는 음수

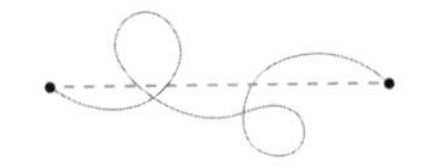

앞서 숫자 0을 어떻게 처리하는지 간단히 소개했다. 여기서는 방정식을 배경으로 만들어진 수 중 '음수'를 중심으로 다루려고 한다. 0뿐만 아니라 음수도 잘 설명해야 이해할 수 있는 부분이다. 내 경험에 따르면 $(x+2)(x+3)=x^2+5x+6$ 또는 역연산인 $x^2+5x+6=(x+2)(x+3)$정도의 계산은 초등학교 4학년이 풀어도 별문제가 없다. 그런데 이제 음수가 개입되면 복잡해지기 시작한다.

$$x^2+3x+2=0,\ (x+1)(x+2)=0\text{에서}$$
$$x+1=0,\ x=-1$$
$$x+2=0,\ x=-2$$

위에서 두 경우를 이해시키는 것이 만만치 않다. 사실 $x+1=0$에서 이를 만족시키는 양수는 없으므로 답은 '없다.'라고 했으면 간단했을 것이다. 그러면 마음이 편했을 거다. 보통 자연수는 무언가를 세기 위해 만들어졌다. $3+2=5$는 사자 3마리와 사자 2마리를 더해 사자 5마리라고 표현할 수 있다. 무언가를 '센다'라는 관점에서 보면 $x+1=0$일 수 없다. 그런데 수를 다른 식으로 정의할 수도 있다. 바로 수를 수직선 위 어떤 점으로 정의하는 것이다. 3은 아래 그림에서 a이고 2는 b이다. 그렇다면 음수나 0 또한 자연스럽게 정의된다. -3은 c이고 0은 d이다.

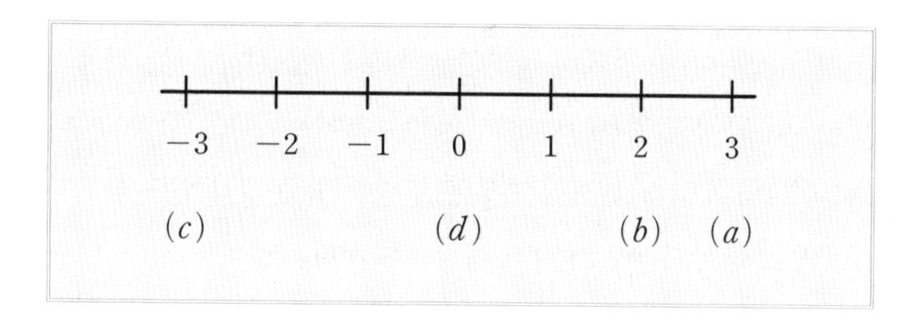

계산도 가능하다. $x+2=0$을 다음과 같이 해석할 수 있다. x라는 점이 있는데 오른쪽으로 2만큼 갔는데 0이 되었다. 그렇다면 x는 무엇인지 구하는 것이다. 그림에서 보면 -2다.

한 단계 더 나아가보자. $3-(-1)$을 이해하는 것이다. 만약 양 3마리를 키우는데 늑대가 습격해 3마리가 죽었다면 살아남은 양은 0마리이다. 계산으로 표현하면 $3-3=0$이다. 이 정도의 식은 자연수로 한정해 이해할 경우 푸는 데 문제가 없다. 그런데 $3-(-1)$에 부합하는 자연현상은 없다. 그렇기에 존재할 수 없다고 주장할 수도 있다. 그러나 한번 상상력을 발휘해 보자.

$$3-3=0$$
$$3-2=1$$
$$3-1=2$$
$$3-0=3$$
$$3-(-1)=4$$

위 식에는 규칙이 있다. 좌변에서 1이 줄어들 때마다 우변은 1씩 커지는 것이다. 여기에서 자연현상과 부합하느냐를 따질 필요는 없다. 이 규칙을 활용하면 $3-(-1)=4$라는 결론을 구할 수 있다. 수학의 가장 기본적인 특징은 형식주의, 논리적 일관성이다. 수학은 내용에 구애받지 않고 형식을 중시하는 특징이 있다. 다음 두 가지 문장을 한번 생각해 보자.

나는 공룡 고기를 먹는다.

나는 먹는다. 소고기

일상생활 관점에서 보면 전자는 말이 성립되지 않는다. 공룡 고기를 먹을 수는 없기 때문이다. 그러나 주어, 목적어, 서술어로 제대로 구성되어 있다. 즉 형식적으로는 말이 된다. 반면 후자는 말이 통하지만, 어순이 틀렸다. 형식을 중시하시는 수학의 관점에서 보면 전자가 옳은 것이다. 이처럼 수학은 내용보다 형식을 더 중요시한다.

자연현상과 분리되는 음수

음수부터는 본격적으로 자연현상과 수학이 분리된다. 3+2=5는 대응하는 자연현상이 있다. 강아지, 고양이 등 예로 들 수도 있다. 그러나 3−4=−1은 그에 대응하는 자연현상이 없다. 그래서 이를 설명하기 위해 인공적인 수학적 대상을 도입하는데 그것이 바로 '수직선'이다. 이제 숫자 3은 사자 3마리와 같은 구체적인 자연현상이 아니라 수직선의 어떤 점이다.

음수와 수직선 사이의 관계, 수학에서 함수의 지위 등을 고려하면 음수 또한 좌표평면에서 설명하는 것이 옳다고 본다. 나와 형은 한 살 차이고 내 나이를 x, 형 나이를 y라고 한다면 $y=x+1$이다. 그림은 아래와 같다.

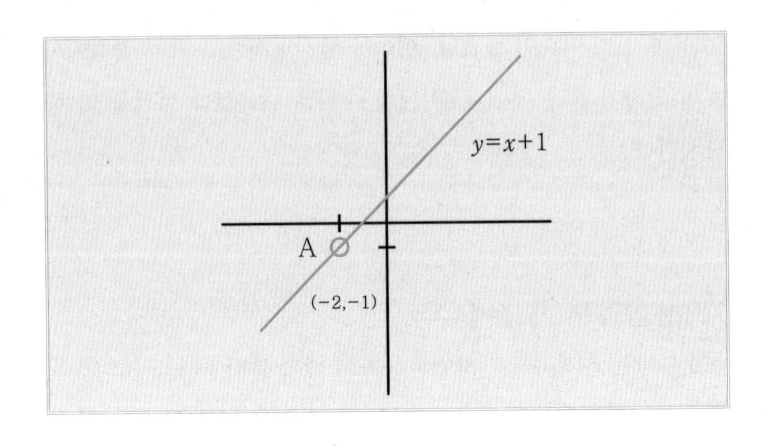

우리가 수직선에서 0을 중심으로 +, −로 확장하듯, 좌표평면 또한 그렇게 할 수 있다. 그렇다면 위 그림의 A(−2, −1)는 $y=x+1$에서 $-1=-2+1$을 만족한다. 보통 이 부분에서는 $-2+1=-1$을 배운 후 이를 좌표평면 함수에 적용하는 순서로 배운다. 그런데 내가 제시한 방법은 먼저 좌표평면이 있고, 거기서 $-2+1=-1$이 도출되는 순서이다.

방정식은 중학교 수학의 메인이라고 할 수 있다. 방정식의 역사는 방정식을 풀어가는 과정에서 수를 확장했던 과정과 일치한다. 쉽게 구하고 거기서 멈출 수도 있었지만, 수학은 새로운 수를 도입해 방정식의 해를 구하는 길로 접어들었다. 방정식이 중학교 수학의 메인인 이상, 방정식 풀이에서 도입된 수가 교과로 들어오게 되었다. 따라서 방정식의 해를 구하기 위해 거기에서 활용되는 수를 이해하는 건 방정식의 역사를 이해하는 것과 같다. 요즘 역사 등 타 교과에서 스토리를 활용한 강의를 하는 것을 자주 보곤 한다. 수학도 스토리가 있다. 그 스토리를 이해한다면 더 쉽게 수학을 접할 수 있을 것이다.

<이렇게 지도해 주세요>

① 아이들은 자연현상에 반하는 개념(예: 음수)을 어려워합니다. 수학의 형식주의를 잘 설명해 주세요.
② 음수는 수직선 위에 수를 놓고 설명해 주세요.
③ 단원마다 해당 개념의 스토리가 드러난 부분이 많습니다. 스토리로 수학을 설명하면 아이들의 이해도가 더 높아질 것입니다.

방정식 3

중학 수학의 백미: 이차방정식과 근의 공식

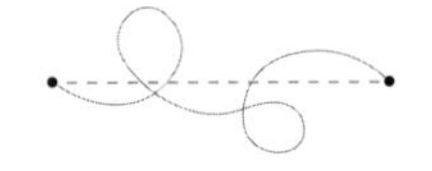

다양한 방정식 중에서 중심축은 이차방정식이다. 일차방정식은 너무 단조로운 반면 이차방정식은 피타고라스의 정리와 같은 기본적인 상황과 연관되어 있어 매우 중요하다. 그런데 그보다 사실 방정식 중에서 가장 중요한 방정식은 삼차방정식이다. 삼차방정식을 푸는 과정에서 허수(복소수 가운데 실수가 아닌 수)가 출현했기 때문이다. 하지만 고1 때 배우는 삼차방정식은 '인수분해가 되는 것'만을 다루기에 일부분만 배울 뿐이다. 따라서 중고등 방정식에서의 기본은 이차방정식이고, 다른 방정식은 이차방정식의 파생에 해당하기에 이차방정식의 풀이는 매우 중요하다. 이차방정식은 인수분해가 되는지 그렇지 않은지를 판단하고 인수분해가 되면 인수분해로, 그렇지 않으면 '근의 공식'에 대입하여 푼다.

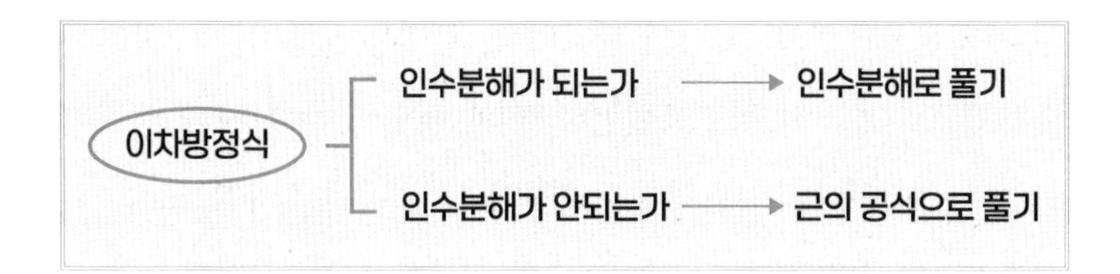

근의 공식은 어렵다. 어렵지만 대수나 방정식 풀이에 꼭 필요하기도 하다. 그렇기에 근의 공식 풀이를 하나의 목표로 삼고 공부하면 좋겠다. 근의 공식은 중3 수학에 해당하는 과정이지만 그다지 어렵지 않다. 초4~5 때 근의 공식 풀이를 하는 것을 추천한다. 꾸준히 반복하다 보면 좋은 결과를 얻을 수 있을 것이다.

그런데 이차방정식은 생각보다 복잡하다. 너무나 많은 경우의 수가 있어서 이차방정식을 완전히 습득하는 데 상당한 시간이 걸린다. 따라서 학부모는 아이의 학업 수준에 따라 다르게 접근해야 한다. 여기서도 레벨이 있는 듯하다. 어느정도 상위권이라면 이차방정식 정도는 기본 설명과 약간의 연습만으로도 충분하다. 이 경우는 세세한 연습에 시간을 뺏기지 않고 바로 다음 진도로 나갈 수 있다. 약간 숙련도가 떨어질 수 있지만 다음 진도를 나가는 데 지장을 주지 않으므로 문제가 되지 않는다. 반면 중하위권 이하 부문은 이차방정식을 익히는 데 상당한 시간이 걸리는 것 같다. 역시 경험에 따르면 루트나 2^{-2}와 같은 정수 지수를 다루는 것보다 시간이 걸리는 듯하다.

아래 그림은 근의 공식을 푸는 예시이다. 여기서 먼저 이해할 것은 자연현상과 수학 사이의 관계이다. 우리는 보통 사자 3마리를 숫자 3으로 효과적으로 표현한다. 이때 살아 있는 사자가 자연이고 3이 수학이다. 이 관계를 이차방정식 풀이에 적용해 보자. 먼저 3이라는 숫자 대신 x라는 대수를 활용해 보자. 길이가 x인 선분이 있다면 x^2은 한 변의 길이가 x인 정사각형의 넓이라고 할 수 있을 것이다. 그렇다면 이차방정식 $x^2+2x=1$과 같은 수학은 아래 그림과 같이 바꿔 놓을 수 있다.

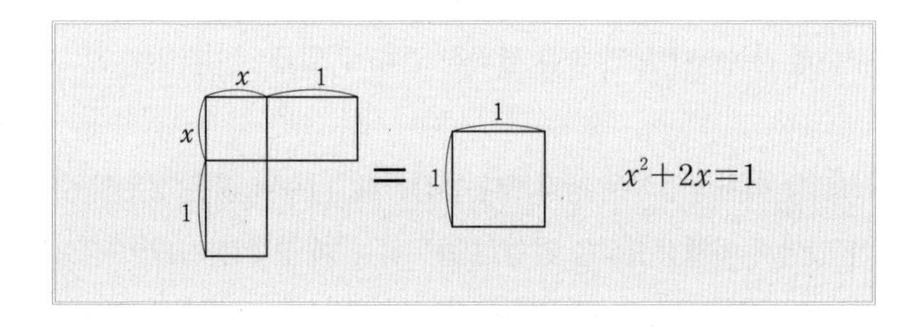

위 그림에서 비어 있는 부분을 메꾸려면 1×1인 정사각형이 필요하다. 그렇다면 왼쪽 그림은 너무나 신기하게도 가로, 세로가 각각 $x+1$인 정사각형이 된다. 그리고 좌변에 1을 더한 만큼 우변에도 그냥 1을 더하면$(x+1)^2=2$이 되는 것이다.

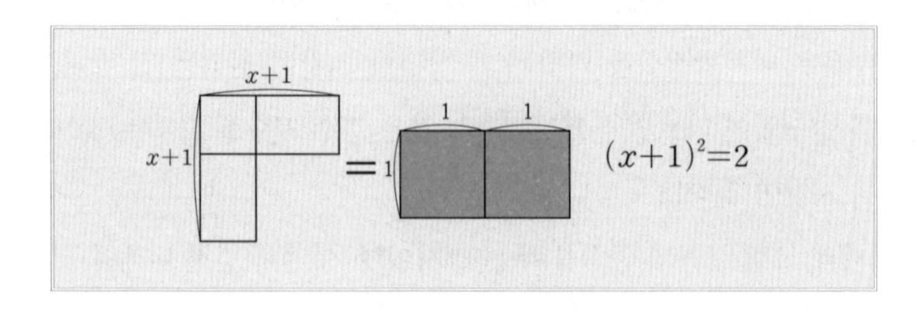

여기서 x를 구해보자. 양변에 루트를 씌우면 $x+1=\sqrt{2}$이다. (정확히 말하자면 $\pm\sqrt{2}$이겠지만 초등학교 5학년 정도가 대상인 걸 고려하면 $\pm$는 다루지 않는 게 좋겠다.) 따라서 $x+1=\sqrt{2}$, $x=-1+\sqrt{2}$이다.

위 내용은 거의 모든 교과서에 있는 내용이다. 그러나 학교나 학원에서 피타고라스의 정리는 $a^2+b^2=c^2$처럼 간략히 대수적으로 다룬다. 왜냐하면 간단하기 때문이다. 하지만 피타고라스의 정리는 대수보다는 기하로 이해하는 것이 쉽다. 즉, 도형을 이용한 문제 풀이가 학생의 이해도를 높이는 데 효과적이라는 뜻이다. $x^2+2x=1$의 풀이도 유사하다. 이걸 대수적으로 푸는 건 나중에 해도 늦지 않다. 초등학교 5~6학년 수준에서는 전체적인 맥락을 천천히 이해하며 푸는 게 좋다.

<이렇게 지도해 주세요>

① 이차방정식은 아이의 학업 수준에 따라 전략을 달리하는 게 좋습니다. 본문에 제시한 전략을 참고해 주세요.
② 이차방정식은 방정식 중 '허브'에 해당합니다. 그렇기에 이차방정식과 근의 공식은 시간을 두고 학습하는 것이 좋습니다.
③ 처음에는 대수보다 도형을 활용해 이해할 수 있도록 지도해 주세요.

방정식 마스터를 위한 6가지 팁

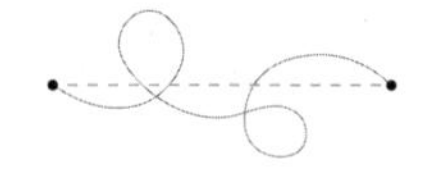

방정식 단원의 목적은 동류항, 이항 등 기본적인 대수 기법을 활용해 방정식을 푸는 것이다. 구구단을 외웠으면 다양한 곱셈을 풀 수 있어야 하는 것과 같은 맥락이다. 방정식은 단순한 계산식이다. 바꿔 말해 꾸준한 연습으로 얼마든지 계산 실력을 향상할 수 있다. 다만 하루에 10시간 하기보다 10일 동안 1시간씩 하는 연습이 훨씬 더 효율적이다. 하루 1시간씩 방정식을 공부해도 좋겠다고 생각하겠지만 현실적인 방법은 아니다. 학생은 이것 말고도 공부해야 할 게 너무 많다. 만약 시간이 남는다면 모든 시간을 방정식을 마스터하기 위해 노력하지 말고 방정식 공부는 1시간만 하고 나머지 시간은 그래프의 개형을 그리거나, 지수 · 로그 · 루트 같은 다른 계산 문제의 연습을 권한다. 여기서는 방정식 단원을 마무리하며 공부할 때 도움이 될 만한 팁 몇 가지를 소개하려고 한다.

첫째, 중학교 1학년부터 고등학교 2학년 과정 전체를 하나로 놓고 공부하자. 일차~삼차방정식과 연립방정식, 일차~이차부등식, 지수방정식, 로그방정식 모두 사실상 같은 것이다. 따로 공부할 이유가 없다. 앞에서 다룬 동류항, 이항 등이 기본이고 그것을 뛰어넘지 않는다. 앞서 지수 · 루트 · 로그를 설명할 때 수의 확장 측면에서 설명했던 적이 있다. 이렇게 학년을 뛰어넘어 연장선에 있는 개념을 묶어 공부하는 게 가장 효율적이다. 그렇게 하면 이해도도 높아지고 공부량도 대폭 줄어들 것이다. 학생의 공부량이 많아지는 원인 중 하나는 연장선에 있는 여러 개념을 각기 다른 학년에 배우기 때문이다. 그렇게 공부하면 그 개념이 나올 때마다 반복해서 설명해야 한다. 학생은 새 단원에 들어갈 때마다 불필요하게 또 책을 들춰봐야 한다. 매우 비효율적이다.

그리고 이렇게 방정식을 모아 공부하면 고등학교 1~3학년 모의고사 문제 중에도 풀 수 있는 문제가 충분히 많아진다. 앞서 다룬 기본적인 동류항, 이항만 알아도 풀 수 있는 문제들 말이다. 그중 대표적인 것이 지수방정식이다.

---

① $2^x = 2^{-x+2}$

② $x = -x + 2$

③ $2x = 2$

④ $x = 1$

위 지수방정식은 교과 편제상 고등학교 2학년 수학에 속해 있다. 그런데 보다시피 쉽고, 초등학교 고학년 정도만 되어도 쉽게 풀 수 있다. 이렇게 풀 수 있는 이유는 원리가 같기 때문이다. 특히 ①번에서 ②번으로 넘어갈 때 등식의 원리, 양변에서 동일한 행위를 하면 등호가 유지된다는 사실을 설명할 수 있기 때문에 오히려 유익하다.

둘째, 문장제 문제는 대부분 생략하자. 문장제는 문장으로 되어 있는 문제를 뜻한다. 새로운 지식과 내용이 문장이라는 형식 속에 담겨 있다. 그러나 이런 문제 중에는 너무 과거의 예를 드는 문제가 많고 쓸데없이 어려워질 수 있다. 처음 지름길 수학공부법을 접한 학생에게는 군더더기 없는 수학만 나오는 문제가 더 접근하기 쉬울 것이다.

셋째, 쓸데없이 어려운 내용도 생략하자. $x^4+x^2+1=0$과 같은 사차방정식이 있을 때 다음과 같이 풀이한다.

① $x^4+2x^2+1-x^2=0$

② $(x^2+1)^2-x^2=0$

③ $(x^2+x+1)(x^2-x+1)=0$

④ $x=\frac{-1\pm\sqrt{3}i}{2}, \frac{1\pm\sqrt{3}i}{2}$

이 문제의 경우 시간을 충분히 준다면 풀 수 있을지도 모른다. 그런데 고등학교 1학년 이후에는 전혀 나오지 않는다. 이때만 나오는 특별한 문제인 것이다. 이렇게 공부를 하다가 본질에서 벗어난 듯한 번거롭고 어려운 계산이 이어지는 부분이 있다면 굳이 풀지 않고 넘어가도 상관없다.

넷째, 근의 공식을 마스터하자. 근의 공식은 중학교 수학을 상징하는 공식이다. 지름길 수학공부법은 구체적으로 초등학교 5학년 정도에서 근의 공식을 유도하고 자유롭게 푸는 것을 목표로 두고 있다. 생각보다 어렵지 않아 조금만 노력하면 몇 개월이면 충분하다. 이보다 어려운 대수 계산은 고등학교 범위에서는 거의 없다. 따라서 근의 공식을 문자로 유도했으면 우리가 대수 단원에서 요구하는 공부는 마쳤다고 볼 수 있다.

다섯째, 함수와 연계해 방정식을 공부하자. 중학교 수학의 메인은 '방정식'과 '그리스 기하'이고, 중학교 2학년~고등학교 1학년까지는 미적분의 기반이 되는 '함수'를 다룬 후 고등학교 2학년 2학기부터 '미적분'을 하는 것이 교과서의 뼈대이다. 따라서 함수가 한국 중고등학교 수학의 기반이라 할 수 있다. 구구단이 방정식의 뼈대가 되는 것처럼 방정식은 함수의 토대가 된다. 따라서 함수를 다룸에 있어 방정식을 기초적으로 다룰 수 있어야 한다. 그렇다면 방정식을 배우고 함수를 배울 것이 아니라 함수를 하면서 방정식을 익히는 것이 효율적이다. 예를 들어 $y=x+1$의 x절편을 찾으라는 문제는 $0=x+1$, $x=-1$로 내용적으로 보면 방정식 문제에 해당한다.

마지막으로 방정식을 공부하면서 다른 진도를 같이 나가는 것이

좋다. 즉 방정식을 충분히 공부한 뒤 다른 진도를 나가는 것이 아니라 방정식을 적당히 공부한 뒤 바로 다른 진도를 나가는 것이다. 수학은 손으로 푼다는 말이 있다. 머리로 이해하는 것을 넘어 손으로 익힐 때까지 반복해야 한다는 의미이다. 어느 정도 맞는 말이지만 손으로 익히기 위해서는 단계마다 손으로 익힐 때까지 반복 연습한 뒤 다음으로 나가기보다는, 적당히 머리로 익힌 후 긴 시간을 두고 조금씩 손으로 익히는 것이 훨씬 효과적이다. 독서에 비유하자면 새 책을 샀을 때 일단 책 전체를 개괄한 후 필요한 부분을 정독하는 것과 같다. 방정식 연습 정도는 각각의 모든 방정식의 기계적인 풀이를 하나의 진도로 놓고 기본적인 것을 이해했으면, 바로 방정식의 다음 진도 나아가 방정식 이외의 진도를 나갈 것을 권한다. 중요한 것은 공부의 속도이다. 부산까지 가야 하는데 수원 어름에서 지체하는 열차가 있다면 그것은 KTX가 아니다.

<이렇게 지도해 주세요>

위 6가지 팁은 효율적이고 성공적인 방정식 학습을 위해 꼭 필요한 내용입니다. 만약 잘 이해되지 않는다면 방정식 1~3까지의 내용을 다시 보고 돌아오시길 추천합니다.

미분으로 풀면 더욱 좋은 함수

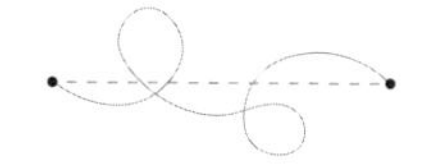

중고등학교 수학은 수, 기하, 대수, 방정식, 함수 등으로 구성되어 있다. 중학교 수학은 수, 기하, 방정식이 기본이고 중학교 2학년~고등학교 2학년 정도에서 다양한 함수를 다루게 된다.

'함수'는 한마디로 말해 미적분을 위한 기반 학문이다. 함수를 풀기 위해서는 먼저 그래프의 개형을 그리고 나서 미분과의 연계가 중요하다. 이차함수를 그리기 위해서는 완전제곱식으로 바꾼 후에 평행이동이나 대칭이동을 하면 된다. 꽤 신경 써서 해야 하는 수고로운 작업으로, 중3과 고1 수학에서 가장 중요한 부분이다. 그런데 미분도 함수이므로 모든 함수가 그러하듯 미분의 극값 개념이 적용된다. 미분의 극값은 수학에서 매우 중요한 부분인데도 학교 수학은 미분 없이 그래프를 그리라고 한다. 때문에 중3~고1 수학에서 이차함수의 비중이 비효율적으로 많이 늘어났다.

중3~고1 수학의 핵심 중 하나는 이차방정식과 이차함수이다. 이차함수를 미분과 연동하여 간소화할 수 있다면 현재 쓸데없이 차지하고 있는 이차함수의 비중이 극적으로 줄어들 것이다. 좀 더 자세히 살펴보자. 중학교 2학년~고등학교 1학년에서 다루는 함수는 일차함수, 이차함수, 무리함수, 유리함수, 지수함수, 로그함수, 원, 절대값함수 등이다(이 중 원은 함수로 분류하지 않지만, 그냥 넘어간다). 이를 나열하면 다음과 같다.

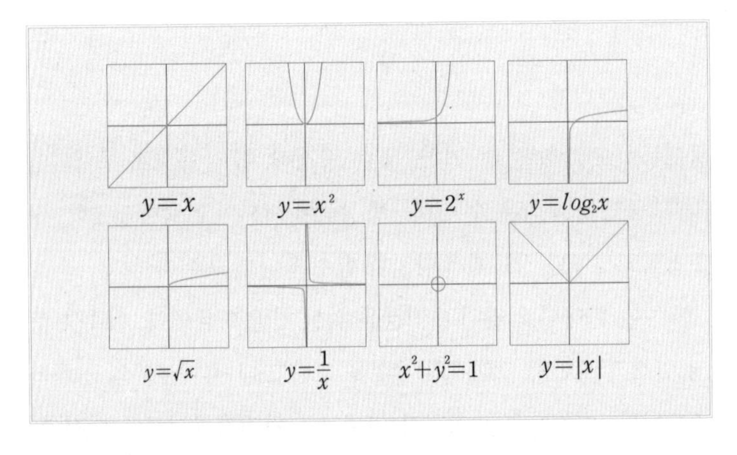

생각보다 어렵지 않다. 지수 · 루트 · 로그, 방정식은 병행해서 나가는 것을 권한다. 다시 말하자면 '지수 · 루트 · 로그→방정식→함수'를 순차적으로 나가는 것이 아니라 조금씩 한꺼번에 나가라는 것이다. 앞서 방정식에 대해 길게 설명했지만, 사실 방정식보다 함수가 더 쉽다. 예를 들어, $\log_2 4$를 애써 계산하지 말고 $y=\log_2 x$에서 $x=4$일 때 $y=2$가 되는 점을 찾아서 찍으면 된다.

평행이동, 대칭이동

함수의 백미는 평행이동, 대칭이동이라 할 수 있다. $y=x^2$를 익힌 후 이를 이용해 $y-1=x^2$을 그리는 것이다. $y=x^2$ 위의 점 $(0, 0)$은 $y-1=x^2$에서 $(0, 1)$에 해당한다. $y-1=x^2$에서 좌변의 1 때문에 모든 점이 y축으로 1만큼 올라간다. 모든 점에 그러하다.

같은 맥락에서 $y=(x-1)^2$은 $y=x^2$의 그래프를 x축으로 1만큼 옮기는 것이다. 더 나아가면 $-y=x^2$의 그래프는 $y=x^2$의 그래프를 x축으로 대칭한 것이다. 그런데 평행이동, 대칭이동의 백미는 임의의 이차함수를 그리는 것이다.

---

① $y=x^2+2x-1$

② $y=x^2+2x+1-1-1=(x+1)^2-2$

③ $y+2=(x+1)^2$

이것은 $y=x^2$의 그래프를 x축으로 -1, y축으로 -2만큼 옮기는 것이다. 그림은 다음과 같다.

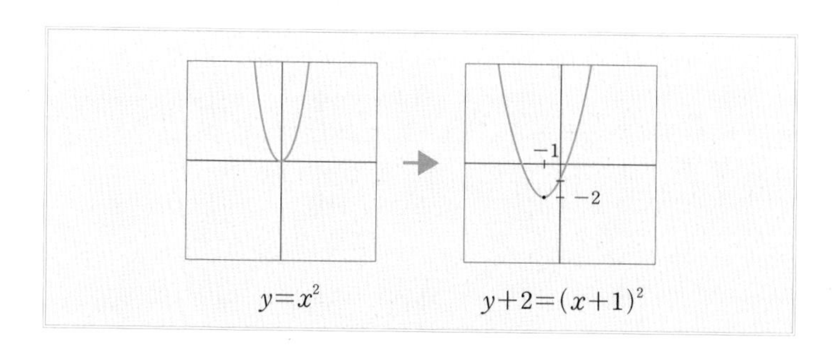

앞서 이차방정식의 해를 근의 공식으로 찾는 것이 중요하다고 했는데, 이처럼 임의의 이차함수를 완전제곱식을 통해 구하는 것도 근의 공식만큼 중요하다.

미분을 활용한 이차함수 그래프 그리기

여기서 특별히 소개하고 싶은 것은 미분을 활용한 이차함수 그래프 그리기다. 어렵더라도 과정만 한번 봐주길 바란다. $y=x^2+2x-1$을 미분하면 $y'=0$에서 $x=-1$이다. 따라서 꼭짓점은 $(-1, -2)$이다. '엥?'하고 당황했다면 그 반응이 맞다. 앞서 임의의 이차함수를 그린 것과 비교하면 너무 빠르다. 두세 줄이면 끝난다. 또 한 가지 놀랄만한 사실이 있다. 앞서 설명한 방식은 이차함수에만 통하는 특별한 방법이지만, 미분에 의한 풀이는 모든 함수에 통하는 범용적 방법이다. 그렇다면 어떤 풀이가 더 효과적일까? 당연히 후자를 중심으로 한 풀이법이다. 물론 미분 전체를 설명하는 건 쉽지 않은 일이다. 그러나 이차함수에서 $y'=0$이 되는 지점이 극소 또는 극대가 되는 지점임을(물론 이차함수가 아니라면 이야기는 달라진다) 알려주고 풀어 보라고 하면 금세 푼다. 학생 중 완전제곱식으로 풀 때 힘들어하던 학생도 미분을 활용해 쉽게 풀기도 한다. 참고로 다음 이차함수 그래프 그리기를 통해 미분을 통한 그래프 그리기의 위력을 확인해 보기 바란다.

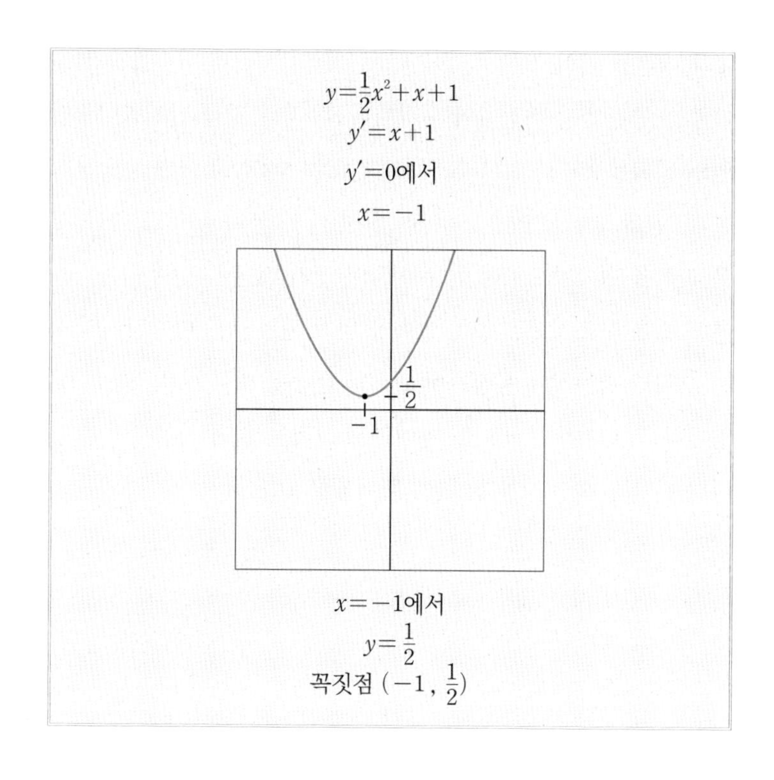

e와 삼각함수

함수에서 가장 코미디 같은 장면은 e와 삼각함수이다. 현행 교과 과정에 따르면 e와 삼각함수는 대체로 이과 수학에서 다룬다. 문과 학생은 e의 정체를 평생 들어보지도 못할 것이다. 예를 들어 $y=a^x$를 미분하면 $y'=a^x \times \ln a$가 되는데 a를 $e(2.71\cdots)$로 두면 $\ln a$가 1이 된다. 이것은 $y=e^x$를 미분하면 $y'=e^x$가 된다는 것을 의미한다. 대학교 수학에서는 이것이 너무 중요하기 때문에 e로 범벅이 되어 있다.

e와 비견될 만한 것은 π파이이다. π는 원이나 원과 비슷한 곡선을 다루는 공간에서 빠짐없이 등장한다. 우리는 지금 반지름이 2인 원의 넓이를 $2 \times 2 \times 3.14$라고 하지 않고 $\pi \times 2^2$라고 하여 π를 명기한다. 원의 넓이를 약 12.56이라 하지 않고 굳이 4π라고 하는 것은 파이를 명기함으로써 얻는 이익이 크기 때문이다. 우리는 π를 통해 원을 구조적으로 보는 안목을 얻게 된다. e도 마찬가지다. e는 오일러 항등식에 등장하며 변화와 운동을 다루는 미적분의 상징이다. 우리는 e에 의미를 부여하고 그것을 즐겨 사용하며 수학에 대한 집단적 지식을 한 단계 끌어올릴 수 있다.

<이렇게 지도해 주세요>

① 지수·루트·로그, 방정식, 함수를 조금씩 한꺼번에 나갈 수 있도록 지도해 주세요.
② 이차함수는 그래프 그리기 연습을 통해 숙달될 수 있도록 해주세요.
③ 미분을 활용하면 이차함수를 쉽게 풀 수 있음을 알려주세요.

자와 컴퍼스를 뛰어넘는 좌표기하와 삼각비

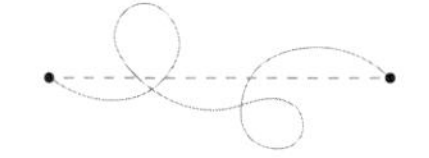

보통 중학교 수학은 대수와 기하로 나뉜다. 대수는 x와 y같은 문자를 사용하고, 기하는 도형을 주요 대상으로 한다. 고대 그리스에서는 수학과 철학이 발전한 것으로 유명하다. 그중 수학에서는 대부분 기하가 발전했다. 고대 그리스 기하학의 특징점 바로 그들이 사용했던 도구이다. 그들은 눈금 없는 자와 컴퍼스를 이용해 수학을 했다. 눈금 없는 자와 컴퍼스라는 도구는 그리스인이 수학을 하는 데 밑바탕이 되는 요소였다. 자의 생명은 눈금이다. 그런데 눈금이 없다니 신기한 노릇이다. 그리스인은 자에서 눈금이 없다는 점을 굳이 강조했다. 그들은 일상 세계와는 다른 특별한 세계가 있음을 강조하고 싶었던 거다. 그리스 수학은 고고했지만 실용적이지 않았다. 수학을 시작한 고대 그리스인을 존경하지만, 그들의 태도를 배울 이유는 없다고 본다.

컴퍼스 또한 마찬가지다. 아래 그림에서는 고대 그리스 수학에서 컴퍼스가 어떤 의미였는지를 단적으로 보여준다. 왼쪽 선분과 오른쪽 선분의 길이가 같다는 것을 증명하는 과정에서 그들은 역시 수가 아니라 컴퍼스의 기계적인 작업에 의존했다. 만약 1m의 선분과 1.0000000001m의 선분이 있어도 고대 그리스 수학은 양자를 구분할 수 없었을 것이다.

1m의 선분

1.0000000001m의 선분

중학교 1학년 때 배우는 작도와 합동, 2학년 때 배우는 외심과 닮음, 3학년 때 배우는 원과 직선 등이 고대 그리스 기하학의 직접적인 유산이라고 할 수 있다. 삼각형의 합동을 판단하고 내심과 외심을 구하기 위해 그들은 수학의 핵심인 '수'가 아니라 고대 그리스의 낡은 유산인 자와 컴퍼스를 활용했다.

좌표기하와 삼각비

도형을 자와 컴퍼스가 아니라 수와 대수를 중심으로 다루는 것은 좌표기하와 삼각비에서 잘 드러난다. 좌표를 도입하면 자연스럽게 점에 수치가 부여된다. 가령 (3, 4)가 있다고 하자. 여기서 x축 또는 동쪽으로 1만큼 가면 (4, 4)이고 (3, 4)를 x축으로 대칭시키면 (3, −4)이다. 모든 작업은 수에 의해 진행되고 수에 의해 뒷받침된다. 반면 이를 자와 컴퍼스로 한다면 우리는 수가 아니라 자를 옮기고 컴퍼스를 돌리는 기계적인 작업을 진행해야 한다. 수학이라기보다는 기계공학이라는 표현이 어울린다.

점과 점을 연결하면 직선이 되며 직선을 $y=-2x+1$과 같은 식으로 표현할 수 있다. 고대 그리스라면 컴퍼스로 돌려야만 원을 나타낼 수 있는데 좌표기하에서는 $x^2+y^2=1$이 그냥 원이다. 점과 선, 원과 같은 그림을 좌표 위에 올려놓아야 수치가 부여되고 대수적 조작이 가능해진다. 그리고 그 바탕 위에서 우리가 하고자 하는 미적분을 할 수 있는 것이다.

삼각비 또한 자와 컴퍼스가 동원된 고색창연한 그리스 수학과의 차이를 잘 보여준다. sin30°는 직각삼각형에서 30도라는 각이 주어졌을 때 빗변과 마주 보는 변의 비를 보여준다. 이 값을 활용해 많은 작업을 할 수 있다. 예를 들어, 당신이 9층 아파트에 산다고 생각해 보자. 9층 아파트의 높이를 잴 방법은 거의 없다. 그런데 아침부터 이삿짐센터의 고가 사다리차가 9층 높이의 아파트에서 분주히 이삿짐을 나르고 있다. 여기서 힌트를 얻을 수 있다. 그림 a에서 9층 아파트의 높이를 재기 위해 종이 위에 조그만 직각삼각형을 그려 놓고 길이를 잰다. 그러면 b와 같다.

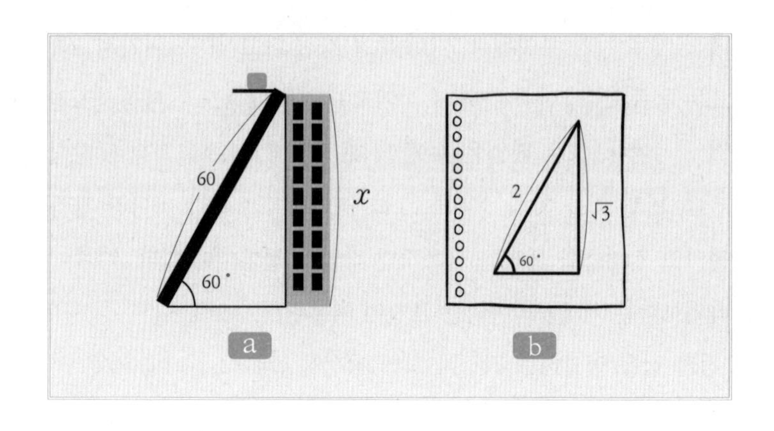

그렇다면 $60:x=2:\sqrt{3}$, $2x=60\times\sqrt{3}$, $x=60\times\frac{\sqrt{3}}{2}$이다. 이때 $\frac{\sqrt{3}}{2}$은 상수이다. 각도가 60도인 직각삼각형은 크든 작든 빗변과 마주 보는 변의 비가 $1:\frac{\sqrt{3}}{2}$이다. 이것이 중학교 2학년 때 하는 닮음이다. 삼각비는 이를 기호로 처리하여 $\sin 60°=\frac{\sqrt{3}}{2}$이 된 것이다. 정삼각형의 높이를 구한다고 하자. 닮음이라면 두 개의 정삼각형이 있고 이를 비교해야 한다. 그러나 우리는 두 개가 아니라 모든 정삼각형에서 관통하는 법칙을 이미 알고 있다. 임의의 정삼각형에서 빗변과 마주 보는 변의 길이의 비는 $1:\frac{\sqrt{3}}{2}$이다. 즉 한 변의 길이가 x라면 높이는 $\frac{\sqrt{3}}{2}\times x$다.

닮음이라는 기하학적 현상은 삼각비를 빌어 자연스럽게 대수로 바뀐다. 그러면 삼각형의 세 변과 세 개의 각을 관통하는 일반 법칙인 '코사인 법칙'을 만날 수 있다. 세 점이 각각 A, B, C인 삼각형에서 $a^2=b^2+c^2-2bc\cos A$이다. cosA는 마치 숫자처럼 자연스럽게 수식이 녹아 있다. 중학교 2학년 닮음 단원에서 자주 출제되는 문제를 예로 들어보자. 우선 닮음으로 푼 후 이를 수를 도입해 삼각비로 풀어 보겠다. 어떤 차이가 있는지 잘 살펴보길 바란다.

두 개의 직각삼각형 ABD와 ACD가 있다.

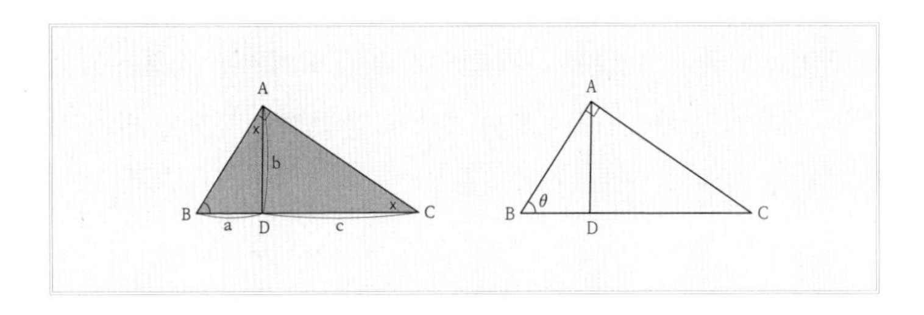

ABD와 ACD는 서로 닮았다. BD의 길이를 a, AD의 길이를 b, CD의 길이를 c라 하면, $a:b=b:c$이므로 $b^2=ac$이다. 문제를 풀 수 있지만, 매우 복잡하고 번거롭다. ∠ABD를 θ라 놓고 삼각비로 풀면 $\tan\theta=\frac{b}{a}=\frac{c}{b}$ 이므로 $b^2=ac$이다. 삼각비는 닮음을 시스템화한 것이다. 이를 삼각비로 풀면 다음과 같다. $\tan\theta=\frac{b}{a}=\frac{c}{b}$ 이므로 $b^2=ac$와 같다. 삼각비는 닮음을 시스템화한 것이다. 따라서 기왕에 삼각비를 배웠다면 닮음을 활용해 풀 이유가 없다. 기껏 곱하기를 배워놓고 거듭해서 더하는 것과 다를 바 없다.

기하에서 배워야 할 건 '증명'이다

그렇다면 중학교 수학에서 그리스 기하를 다루는 이유는 무엇일까? 고대 그리스 수학에서 가장 중요한 것은 그들이 도형을 다루며 내린 결론이 아니라 결론에 접근하는 과정이었다. 즉 공리와 증명이 중요했다. 지금은 문제 풀이가 더 중요해져서 증명은 넘어가는 경우가 많다. 그러나 증명 과정은 논리적인 사고를 위해 꼭 필요한 과정이다. 고대 그리스 수학은 후대에 이런 빛나는 유산을 남겨줬다. 그렇기에 우리가 이걸 배울 이유는 충분하다고 생각한다. 다만 목적지인 수능 수학을 위해 오랜 시간을 투자해서는 안 될 것이다.

<이렇게 지도해 주세요>

① 그리스 기하를 다루는 단원에서는 '증명'을 통해 논리적인 사고를 갖출 수 있게 해 주세요.
② 문제 풀이는 좌표기하와 삼각비를 이용해 풀도록 지도해 주세요.

일상에서 이해하기 쉬운 고등학교 수학

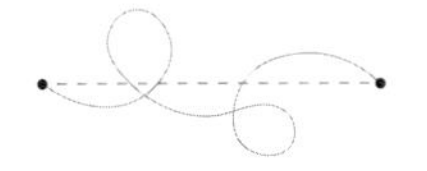

선행학습이 없어도 풀 수 있는 확률과 통계

확률과 통계는 고등학교 1학년 후반에 등장하는 내용이다. 그렇기에 선행을 해야 할지 말아야 할지 고민이 될 수 있다. 결론부터 말하자면 확률과 통계는 선행을 하더라도 고등학교 1학년 정도에 하는 것이 좋다. 방정식이나 함수는 누군가에게 배우지 않으면 학생 스스로 공부할 수 없는 단원이다. 반면 확률과 통계는 굳이 미리 배우지 않아도 어느 정도 스스로 할 수 있다. 확률과 통계에서 어려워할 만한 내용은 미적분을 배운 후에 하게 된다. 주사위를 던져 1의 눈이 나올 확률은 굳이 학교에서 배우지 않아도 풀 수 있는 내용이다. 따라서 굳이 중학교 1~2학년 때 선행할 이유가 없다. 또 하나의 이유는 분량 차이다. 확률과 통계는 분량이 얼마 되지 않는다. 그에 비해 미적분은 상당한 시간을 투자해 공부해야 한다. 그렇기에 확률과 통계는 효율적인 방법으로 공부하는 게 좋겠다.

무한을 이해하는 첫걸음 수열

고등학교 2학년 수학에는 수열 단원이 있다. 수열은 여러 관점에서 생각해 볼 수 있는 내용이다. 먼저 수를 이리저리 늘어놓은 자연수를 갖고 장난치는 것으로 볼 수 있고, 수열과 극한을 연결해 미적분의 토대가 되는 수열의 극한이나 무한등비급수를 생각해 볼 수 있다. 예를 들어 1, 4, 7, 10…의 수가 있을 때 이렇게 생각해 볼 수 있다.

첫 번째 수는 1
두 번째 수는 1+3
세 번째 수는 1+3+3=1+3×2=1+3×(3-1)

이렇게 계속 진행하다 보면 100번째 수는 $1+3\times99=1+3\times(100-1)$이고 n번째 수는 $1+3(n-1)$이 된다. 만약 91이 몇 번째 항인지 알고 싶다면 $1+3(n-1)=91$과 같이 식에 대입해 보면 된다. $n=31$, 즉 31번째이다. 고등학교 수학은 말이 어렵다. 가능한 사물을 일반적으로 다루기 때문이다. 중학교 수학에서 고등학교 수학으로 올라갈 때 문턱이 높은 이유가 여기에 있다. 그러나 그중에서도 일상적으로 이해하기 쉬운 단원이 있다. 앞서 설명한 확률과 통계와 지금 설명하는 수열이다.

수열은 도입부가 쉬워 학생들의 거부감이 적다. 다른 단원이 도입부에서 많은 시간과 에너지가 필요한 것과 대비된다. 또한 초등학교 4학년 정도에 공부하기 좋은 단원이다. 경험에 따르면 학생들은 분수보다 수열을 더 쉽게 느끼는 것 같다. 그런데 수열에는 일반항처럼 사물을 일반적으로 다루는 수학적 훈련이 많이 있다. 거기다 형식상 고등학교 2학년 내용이니 수학적 자신감을 얻기에도 좋다.

수열을 배워야 하는 가장 큰 이유는 고등학교 2학년 때 배우는 극한 그리고 미적분 때문이다. 미적분은 사물을 다룰 때 그것을 잘게 쪼개 문제를 해결한다. 이때 잘게 쪼개는 방식은 자연수일 수도 있고 실수일 수도 있다. 사물을 자연수 단위로 잘게 쪼개는 일련의 과정을 처리하려면 수열의 극한이 필요하다. 그리고 수열의 극한을 다루기 위해서는 수열이 선행되어야 한다.

30. 그림과 같이 크기가 같은 정사각형 1개, 4개, 9개, …로 만들어진 도형 A_1, A_2, A_3 …이 이어져 있다. 각 정사각형에 자연수를 규칙적으로 적어 나갈 때, A_1, A_3, A_5 … 에는 정중앙(어두운 부분)에 적힌 수가 있다. 예를 들면, A_3의 정중앙에 적힌 수는 10이고, A_5의 정중앙에 적힌 수는 43이다. 이때, A_9의 정중앙에 적힌 수를 구하시오. [4점]

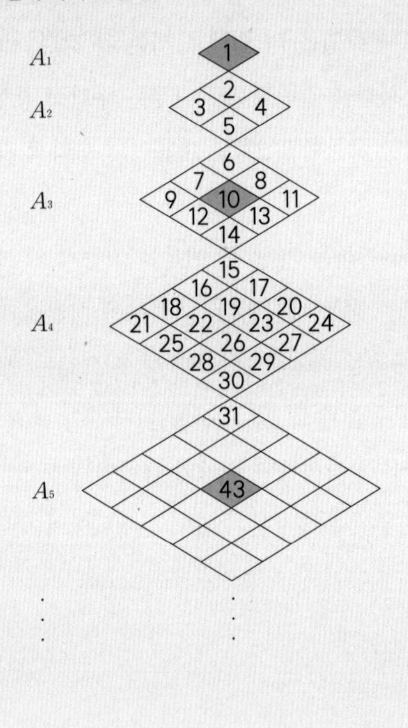

위의 문제는 〈2007년 11월 고3 모의고사〉의 수열 문제이다. 생각보다 어렵지 않다. 같이 살펴보자. 이 문제를 풀기 위해 필요한 공식은 $1^2+2^2+\cdots+n^2=\frac{n(n+1)(2n+1)}{6}$ 이다. 잘 모르겠으면 죽 늘어놓길 바란다. A_8의 마지막 수는 $\frac{8\times9\times17}{6}=204$이므로 A_9의 첫 번째 수는 205이다. A_9의 마지막 수는 $\frac{9\times10\times19}{6}=285$이다. 따라서 205와 285의 중간 수, 즉 A_9의 중간 수는 245이다.

또 다른 문제를 보자.

25. 그림과 같은 모양의 종이에 서로 다른 3가지 색을 사용하여 색칠하려고 한다. 이웃한 사다리꼴에는 서로 다른 색을 칠하고, 맨 위의 사다리꼴과 맨 아래의 사다리꼴에 서로 다른 색을 칠한다. 5개의 사다리꼴에 색을 칠하는 방법의 수를 구하시오. [4점]

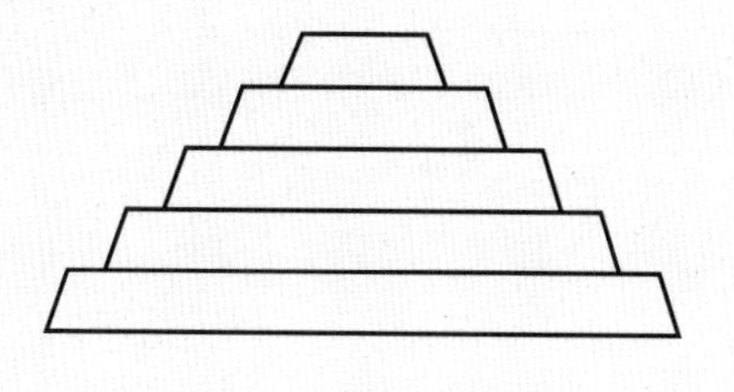

서로 다른 세 가지 색깔을 각각 a, b, c라 할 때

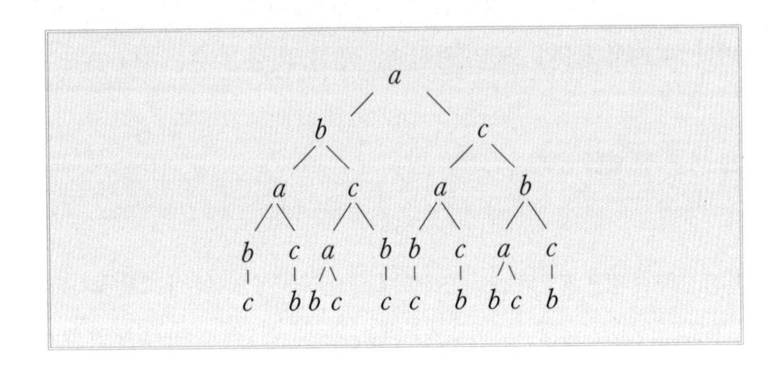

로 10개가 된다.

a, b, c를 바꾸면 10×3=30, 정답은 모두 30개이다.

<이렇게 지도해 주세요>

① 확률과 통계, 수열은 다른 단원에 비해 이해하기 쉬운 단원입니다. 선행하지 않아도 좋고, 아이의 자신감을 위해 가끔 푸는 것도 좋습니다.
② 다만 수열에서 미적분과 연결되는 부분은 학습하는 것이 좋습니다.

학년별 로드맵

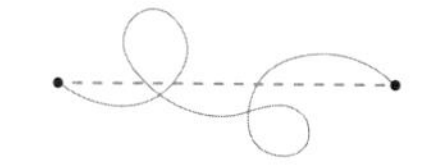

초등학교 4학년~중1

지름길 수학공부법은 그 대상을 초등학교 4학년에서 중학교 1학년으로 잡았다. 이 기간이 내신에 방해받지 않고, 필요한 개념 학습에 집중할 수 있는 가장 좋은 시간이기 때문이다. 앞서 3부에서 이렇게 초등학교 4학년에서 중학교 1학년 사이를 대상으로 하는 단원을 자세히 다뤘다. 이 단원들은 미적분 전까지 필요한 단원들이다. 초4~중1의 4년이라는 시간 동안 3부에서 안내한 내용들이 충분히 숙달되도록 지도해 주시기를 바라는 바이다. 그렇다면 그 후, 즉 중학교 2학년 이후부터는 어떤 식으로 학습하면 좋을지 궁금한 분이 있을 것 같다. 여기에 대해서도 안내를 하려 한다.

중학교 2학년이라면

만약 중학교 1학년까지 앞서 안내한 단원들을 학습했다면 중학교 2학년 때는 미적분에 들어가도 문제없다. 물론 학생의 학업성취도에 따라 기간이 달라질 수도 있다. 경험에 따르면 상위권 학생은 미적분 전까지 초등학교 4, 5학년 정도면 끝낼 수 있었고, 중위권 학생이라면 중학교 1학년까지는 충분히 끝낼 수 있었다. 하위권 학생의 경우 앞서 안내한 단원 중에 방정식을 반복하는 게 중요하며, 미적분이 어렵다면 단순 계산 문제에 국한해도 좋겠다.

일단 중2 이후는 시험과 내신의 압박감이 심하다. 학교 시험을 따라가느라 많은 시간을 내기 어려울 것이다. 미적분에 들어가되 심화된 문제풀이를 하는 것이 아니라 미적분의 개념을 이해하는 것에 집중하기를 권한다.

중학교 3학년이라면

중학교 3학년 때는 선행학습에 있어서 또 한 번의 골든 타임이다. 이때부터 미적분 문제 풀이에 집중하면 된다. 미적분은 분수의 덧셈과 비슷한 면이 많다. 우리가 분수의 덧셈을 쉽다고 여기는 이유는 그걸 이해하고 있어서가 아니라, 익숙해졌기 때문이다. 분수의 덧셈을 이해한 사람은 그리 많지 않을 것이다. 미적분 또한 익숙해지기까지 오랜 시간이 걸린다. 그렇기에 중3 시기에는 더욱더 문제 풀이를 반복해야 한다. 문제에 익숙해져야 하는 것이다. 문제 풀이를 반복하지 않으면 수능 수학에 대비하기 어렵다. 현재 수능은 반복 숙달 학습이 핵심인 시험이 되어버렸기 때문이다. 단 중학교 2학년 때까지는 문제 풀이를 많이 하지 않아도 되고, 중학교 3학년이 돼서 시작해도 충분하다. 너무 조급해하지는 말자.

이과수학을 희망한다면

중고등 수학을 통틀어 암기량과 계산이 가장 많은 단원이 이과 미적분이다. 따라서 중3 시기에 이과 미적분에 필요한 기본 계산은 다 끝내는 것이 좋다. 이과 미적분이라는 단원이 주는 중압감이 클 뿐이지 실제로는 거의 다 계산이다. 그런데 고2 때 이과 미적분을 처음 배우는 학생 중에서 이를 매우 어려워하는 모습을 종종 본다. 그렇게 느끼는 이유는 엄밀히 말해 이과 미적분 자체가 어렵다기보다는 암기량이 워낙 많기 때문이다. 계산 특히 대수 계산은 생각하지 말라고 그냥 풀라고 개발한 것이기에 이과 미적분은 빨리 먼저 공부할수록 좋다. 따라서 중3 시기에 이과 미적분의 기본 테크닉을 충분히 익힐 것을 권한다. 주위를 보면 학생 대부분과 학원에서 고1 수학을 이중삼중으로 공부하는 경우가 흔하다. 개인적으로 이과 미적분을 기본으로 하되 3월 개학이 임박했을 때 고1 수학을 하는 것이 옳다고 본다.

고등학교에 들어가서는 현실적으로 선행학습이 불가능하다. 중학교 때는 상대적으로 내신에 대한 부담이 적었지만, 고등학교는 직접적으로 입시와 연결되기 때문에 매우 중요한 시기이다. 그리고 내가 추천하는 전형도 '내신+수능' 전형이다. 이 전형이 현재 대학에 입학하기 가장 좋다고 생각한다. 따라서 고등학교에 들어가서는 내신과 수능을 병행해야 하기에 더 이상 선행은 불가능하다. 물론 간혹 나도 고등학생을 가르치는 경우가 있지만, 이때부터 시작하는 건 추천하지 않는다. 고등학교에 가서 수능을 준비한다는 건 재수를 하겠다는 말과 다름없기 때문이다.

4부

아이의 성향에 따른 맞춤형 지도가 필요하다

공부에는 타고난 달란트가 있다

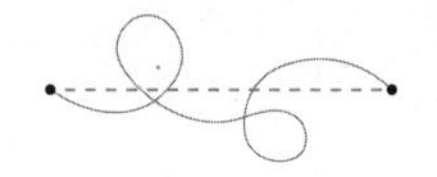

학교 다닐 때 이과 1등을 했던 친구가 있었다. 당시 나는 전교권 성적을 유지하고 있었는데 이 친구는 학력고사 전국 20등을 했었다. 나는 공부를 좋아하고 승부욕도 있는 편이어서 그를 따라잡기 위해 부단히도 노력했다. 그러나 우리 사이엔 넘을 수 없는 '벽'이 있었다. 난 단 한 번도 앞서지 못했고, 어떤 시험을 보든지 간에 일정한 격차만 유지했다. 그런데 내가 그에게 어떤 벽을 느낀 것처럼, 나를 추격하는 다른 친구도 "네게서 넘을 수 없는 벽을 느꼈다"라는 말을 자주 하곤 했다.

시간이 지나 어른이 된 지금, 학생을 가르치면서 비슷한 경험을 한다. 학생의 달란트는 바꿔 말하면 대략 아이큐라고 할 수 있는데, 이 아이큐에 따라 성적이나 어떤 레벨이 정해지는 것처럼 보인다. 이런 이야기를 하면 어떤 학부모는 그게 무슨 소리냐며 역정을 내기도 한다. 그러나 내가 하고 싶은 말은 일단 아이의 현실을 객관적으로 파악하는 게 그만큼 중요하다는 얘기다.

세상에는 노력하면 무엇이든 할 수 있다는 메시지가 넘쳐난다. 학교 수업에만 집중해도 수능에서 좋은 결과를 얻을 수 있다고 말하기도 한다. 그러나 사실 그렇지 않다. 학교 수업대로 차근차근 공부하면 학생 간의 차이는 더욱 극명하게 드러난다. 상대적으로 좋은 달란트를 가진 학생은 좋은 결과를 얻을 테고, 그렇지 못한 학생은 뒤처지게 될 것이다.

다행인 점은 대한민국 입시의 수능은 그 레벨을 뛰어넘을 수 있는 가장 좋은 시험이라는 사실이다. 사교육에 집중투자를 하거나 재수, 삼수를 거치면 대학 입시 결과를 바꿀 수 있다. 왜냐하면 수능 수학은 그리 어렵지 않으며, 다른 사람보다 일찍 더 많이 반복한다면 좋은 결과를 얻을 수 있는 수준이기 때문이다. 또한 이 책의 주제인 '지름길 수학공부법'은 불필요한 시간 낭비를 확 줄여줄 것이다. 다만 학생마다 개인의 특성과 달란트가 있기에 이를 고려해주었으면 한다.

학생의 4단계 구분

달란트에 따라 학생을 단계로 나누면 다음의 4단계가 있지 않을까 생각한다.

---

① 서울대, 카이스트에 갈 학생

② '서성한', '중경외시', '건홍동' 이라고 부르는 그룹에 갈 학생

③ 그 밖의 대학에 갈 학생

④ 그 이하 그룹

이렇게 학생을 4단계로 특정하는 것에 익숙지 않은 학부모가 있을지 모르겠다. 그러나 교육 현장에서 나는 학생마다 단계가 있음을 늘 느낀다. 그리고 그 차이는 극명하다. 나는 항상 학부모에게 우선 자녀의 위치를 객관적으로 파악하는 것이 중요하다고 강조한다. 객관적인 위치가 파악되어야 그 이후 목적에 따른 지도가 가능하기 때문이다. 그렇지 않고 뜬구름 잡듯 우리 아이가 그저 잘났다고만 생각하면, 목적과 방향성 없이 사교육에 많은 돈을 지출하게 될 것이다.

상위권과 하위권을 가르는 가장 큰 차이점은 공부를 좋아하는지에 달려 있다. 1, 2단계에 속한 학생은 대부분 공부를 좋아한다. 이들은 호기심이 많고, 배운 내용을 빨리 받아들인다. 그러나 3, 4단계에 속한 학생은 그다지 공부를 좋아하지 않는다. 공부를 좋

아하는지 아닌지로 단계를 구분하는 이유는, 대한민국 입시의 공부량이 상당하기 때문이다. 따라서 애초에 공부를 좋아하지 않는 사람이라면 공부량 자체를 감당하기 힘들다. 오랜 시간, 많은 양을 공부해야 하는데 공부를 좋아하지 않는 사람에겐 고역일 수밖에 없다. 공부를 좋아하는지는 학생에게 가장 중요한 요소이다.

다음으로 상위권 학생의 특징은 이해 속도가 빠르다는 것이다. 이는 곧 고학년 수학 진도로 넘어갈 수 있는지를 결정하게 된다. 상위권 학생은 해당 학년의 수학을 빨리 이해하고, 고학년 수학으로 넘어가도 빠르게 이해한다. 따라서 선행 속도가 다른 학생보다 빠르다.

결국 이 두 가지를 종합해 보면 상위권은 빠른 선행이 가능한 집단이라고 볼 수 있다. 중하위권도 선행은 가능하나 학습 속도에서 상위권에 비해 느릴 수밖에 없다. 따라서 자연히 수능에서 제시하는 엄청난 공부량을 감당하기 어렵다. 그렇기에 중하위권 학생이라면 더욱 '지름길 수학공부법'이 필요하다. 가뜩이나 속도를 맞추기도 어려운데, 모든 걸 공부하기는 더 어렵다. 필요한 공부를 빠르게 반복해야 하는 것이 핵심 전략이다.

자녀가 영재인지 아는 방법

학부모는 내심 자기 자녀가 영재급 또는 매우 똑똑한 학생이기를 기대한다. 멀리서도 특별히 내게 수업을 의뢰하는 이유도 그 때문이라고 본다. 그런데 내 자녀가 정말 내가 기대하던 똑똑한 학생인지 판단할 수 있는 징표가 있다. 나는 이를 구분할 수 있는 특징으로 '수업 내용 건너뛰기가 가능한지'와 '지적 호기심이 살아 있는지'의 두 가지 요소를 중점적으로 본다.

우선 교과서대로 차근차근 공부하지 않고 미적분이 가능한가가 중요하다. 처음에도 말했듯이 평범한 학생도 분수와 루트를 같이 배우는 데 아무런 문제가 없다. 따라서 구구단 이후 미적분 이전의 모든 수학은 그냥 통으로 배워도 상관없다. 다시 말하지만, 교육과정이 학생의 지적 레벨에 따른 것이 아니라 오직 교과과정을 위해 구성되었기 때문이다. 그리고 심지어 고등학교 미적분은 쉽다. 나는 수업 중 문제를 잘 푸는 초등학교 6학년~중학교 1학년 정도의 학생에게 고등학교 2~3학년 이과 수능 시험지를 풀게 할 때가 있다. 사람들이 생각했을 때는 어렵지 않냐고 반문할 수 있겠다. 그러나 막상 시켜보면 의외로 상당히 잘 푼다. 무엇보다 학생 스스로가 재밌어한다. 공부 이외의 효과로는 학생 본인이 고등학교 2~3학년이 푸는 이과 미적분 문제를 풀었다는 사실에 놀라워하며 일찍이 공부의 즐거움을 깨우친다.

영재처럼 매우 똑똑한 학생을 가르는 중요한 지표는 '호기심'이다. 학부모로부터 '수학이 어떻게 재미있을 수 있는지'에 관한 질문을 자주 받곤 한다. 대다수 학생은 수학을 싫어하거나 흥미가 없다. 반면 영재급이거나 매우 똑똑한 학생은 수학을 좋아한다. 그것도 매우 좋아한다. 어른도 당구나 운전을 처음 배우면 당구알이 천장에서 어른거리거나 운전대를 잡고 싶어 근질근질할 때가 있는데, 수학도 마찬가지다.

수학의 달란트와 수학에 대한 호감, 흥미는 비례한다. 특별히 수학에 흥미를 느끼는 학생이 꽤 많은데, 이들의 수학적 달란트는 높은 편에 속하고 당연히 수학적 성취도도 높다. 내 자녀가 영재인지 똑똑한 학생인지 알고 싶다면, '공부를 좋아하는지 혹은 그렇지 않은지'를 확인하면 된다.

내 아이의 성향에 따른 학습 지도법

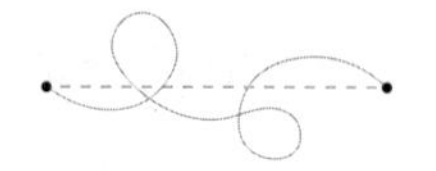

앞서 나는 공부에는 타고난 달란트가 중요하다고 했다. 하지만 그 외 변수가 존재하기도 한다. 바로 학생의 성향이다. 간혹 머리는 좋은데 공부를 잘 못하는 학생이 있다. 공부를 못하는 이유가 머리 때문은 아니다. 성향에 맞게 지도하지 못해서 그런 것이다. 여기서는 성향에 따른 특징과 그에 맞는 학습 지도법을 제시하고자 한다.

<성향에 따른 특징>

사고형	리더형	감정형
분석적, 객관적인 사실에 주목 공정성을 중시 옳고 그름을 판단	대담하고 의지가 강함 다양한 방법 모색 본인의 마음과 직관을 믿고 따름	인간관계, 상황을 바탕으로 판단 좋고 나쁨을 기준으로 사고 정서적 측면 집중

MBTI와 애니어그램 등 심리학에서는 성향을 사고형, 리더형, 감정형 등으로 구분한다.

먼저 **사고형**은 지식 자체를 좋아하는 집단을 말한다. 이들은 감정보다는 이성을 중요시하며 무미건조해 보일 수도 있다. 이런 유형의 학생은 '생각할 거리'를 자신의 원동력으로 삼는다. 감정형과 달리 관계나 교류는 중요하지 않다. 주로 자기 절제력이 좋으며, 상위권에 속하는 경우가 많다. 이 유형에 속한 학생은 별달리 지도할 게 없다. 다만 가르치는 콘텐츠의 질을 높이는 게 중요하다. 이런 학생은 학교 선생님의 수업의 질이 낮으면 불만을 한다. 학원도 마찬가지다. 오히려 이런 불만 때문에 공부에 소홀해질 수 있다. 따라서 어떤 식으로든 콘텐츠의 질을 높여줘야 한다.

리더형은 목표지향적이며 동기부여가 중요하다. 이런 학생에게는 목표로 하는 대학교에 방문한다거나 하는 등 동기부여를 해주는 전략이 필요하다.

마지막으로 **감정형**은 세 유형 중 가장 까다롭다. 그런데 그만큼 드라마틱한 성과를 내는 유형이기도 하다. 이들에겐 관계가 중요하며, 교사와 자신이 속한 곳의 분위기가 중요하다. 딱딱한 분위기나 환경을 싫어하며 소통을 좋아한다. 이런 유형의 학생이 있다면, 교사는 이 학생과의 소통에 좀 더 신경 써야 한다. 일부러라도 시간을 더 내야 한다는 의미이다.

성취도가 높은 사고형 학생

사고형의 영재급 또는 매우 똑똑한 학생은 초등학교 6학년에서 중학교 1학년 사이의 교육과정 중에 확연히 구분된다. 상담해 보면 성격이 내성적이고 건조하며 친구가 거의 없을 것처럼 보이는 학생이 더러 있다. 어찌 보면 겁에 잔뜩 질린 것처럼 보이기도 하는데, 문제를 풀어 보라고 시키면 어느새 눈이 반짝반짝 빛난다. 전형적인 '내향적 사고형' 학생이라고 할 수 있다. 경험에 따르면 이런 학생이 가장 공부를 잘하고 성취도가 높다.

한편 감정형과 리더형 중에서도 영재급 학생을 발견할 수 있다. 나는 한동안 공부를 잘하는 학생은 대부분 사고형인 줄 알았지만, 감정형과 리더형 중에서도 똑똑한 학생이 있었다. 차이가 있다면 사고형은 친구랑 시간을 보내는 것보다 공부를 더 좋아하기에 구조적으로 공부량이 많다. 당연히 성적이 좋을 수밖에 없다. 반면 감정형과 리더형은 공부보다 사람과의 관계나 사회적 성취에 더욱 많은 관심을 가진다. 따라서 공부에 투자하는 시간이나 정도가 얕을 수밖에 없다.

사고형 중에서도 내향적 사고형은 공부 말고는 할 줄 아는 것이 별로 없기에 '학자'나 '연구자' 등의 진로를 주로 선택한다. 반면 감정형과 리더형은 공부 이외에도 흥미를 느끼는 관심사가 다양하다. 그렇기에 이들은 공부 자체에 흥미가 덜 할 수밖에 없으며 중고등학교 시절 내내 성적만으로는 불리한 평가를 받기도 한다.

그러나 사회적 관점에서 보면 얘기는 달라진다. 사회적 관점에서는 사람과 사람 사이의 관계를 조율하고 처리하는 능력은 매우 중요하다. 영재급으로 머리가 좋은 감정형과 리더형 학생은 이러한 이유로 성인이 된 후에는 중요한 사회적 지위와 임무를 수행하는 경우가 많다.

영재급 학생들을 지도할 때 중요한 것

A학생을 처음 만났을 때 아이큐가 180이라고 했다. 물론 부모의 말이라 처음에는 믿지 않았다. 엄두가 나지 않는 수치라 그러려니 했다. 그런데 이 학생은 어떤 이유인지 잔뜩 골이 나 있었다. 공부, 숙제, 타이트한 시간 관리 등에 염증을 내는 것 같았다. 학생이 수업에 오면 공부 얘기 대신 이런저런 다른 얘기를 했다. 나는 본능적으로 A가 수학을 좋아한다는 걸 알았다. 굳이 공부로 화제를 돌리지 않아도 자연스럽게 수학 이야기로 이어졌다. 학원에는 큰 칠판이 있었다. A는 자신이 공부한 것을 칠판에 써 내려가며 나에게 강의하는 것을 좋아했다. 강의를 들어보니 수준은 상당했다. 대학교 3학년 이상 수준의 수학을 공부해 와서는 설명하기도 했다. 나도 잘 모르는 내용이 많았다. A는 나에게 강의하면서 스트레스를 풀고 있었다. 한두 달이 지나자, 표정은 눈에 띄게 편안해졌다. 다른 선생들도 A의 변화에 놀랄 정도였다. 이 일을 통해 나는 몇 가지 교훈을 얻었다.

첫째로 영재 학생들에게 가장 중요한 덕목은 '자유로움'이다. 그냥 하고 싶은 것을 하라고 하면 된다. 굳이 교과서 몇 쪽부터 몇 쪽까지를 지목하며 공부의 방향과 한계를 정하지 않는 것이 좋다.

둘째로 뭔가를 가르치려면 압도적인 지적 권위를 보여주는 것이 좋다. 내용도 그렇고 속도도 그러하다. 나는 고등학교 시절을 떠올리면 대부분은 좋은 기억이다. 그러나 수업은 꽤 지루하게 느꼈었다. 수업이 너무 느슨했기 때문이었다. 하루는 행렬 수업 도중 수학 선생님이 한참 동안 행렬의 덧셈을 증명하고 있었는데, 하마터면 나는 '그만 하세요!'하고 소리를 지를 뻔했다. 고등학교 공부는 전체적으로는 나쁘지 않았지만, 조금 더 빠르고 역동적이면 좋겠다고 그 당시에도 생각했다.

여러 사례를 종합해 볼 때 초등학교 6학년에서 중학교 1학년의 영재인, 매우 똑똑한 학생은 수업을 적극적으로 설계할 수 있다는 것을 깨달았다. 힘이 뻗치는 남학생은 운동장에서 충분히 에너지를 소모하게끔 해줘야 하는 것처럼, 호기심 많은 학생에겐 머리를 충분히 쓸 수 있도록 다양한 기회와 여건을 마련해 주어야 한다.

마지막으로 스스로 공부하고 발표할 수 있도록 기회를 만들어 주는 것이 좋다. 영재 학생에게 가장 좋은 선생은 '강의하는' 선생이 아니라 '들어주는' 선생이다. 이들이 이해하고 알고 있는 바를 잘 들어주는 일이 곧 가르치는 일이기 때문이다.

관리와 노력으로 역전이 가능하다

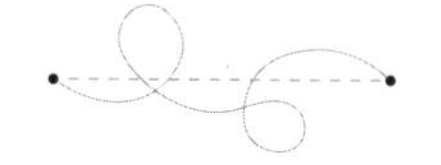

앞서 나는 학생을 4개의 레벨로 구분했다. 그중 수학을 좋아하고 즐기는 학생들을 첫 번째 그룹으로 설정했다. 이들을 대표하는 키워드는 호기심과 천재성이다. 이들은 내가 앞서 설명한 것처럼, 관심만 주면 충분히 성장할 수 있다. 그러나 이 책의 주제인 수학의 지름길 학습법이 주된 대상으로 삼고 있는 그룹은 바로 두 번째 그룹이다.

두 번째 그룹을 지도함에 있어서의 가장 큰 상징성은 노력, 숙련, 생활 관리라고 할 수 있겠다. 학교나 사교육 시장에서는 사고력, 창의력과 같은 주요 문구가 넘쳐나지만, 사실 현실은 전혀 그렇지 않다. 학생은 공부를 정말 많이 하고, 학원에서는 철저한 관리와 압박으로 아이들을 가르친다. 대다수 부모도 별반 다르지 않다. 그래서 사교육은 점점 '관리 수학'으로 변해간다. 사실 교과 내용도 별로 많지 않다. 인터넷에 조금만 검색해 봐도 이미 수많은 강의 자료가 넘쳐난다. 상황이 이렇다 보니 학부모는 학원이 자녀의 일탈과 동요를 막아주기를 바란다.

군대가 이렇다. 군대는 사람으로 하여금 평소 낼 수 없는 괴력을 발휘하도록 만드는 곳이다. 일상 속에선 불가능했던 횟수의 팔굽혀펴기도 군대라는 분위기 속에서는 가능해진다. 이처럼 오늘날 학원은 군대와 거의 다를 바가 없는 곳이 되었다. 한술 더 떠 '군대형 학원'도 존재한다. 이른바 재수형 기숙학원이다. 재수형 기숙학원에서는 교사가 학생의 핸드폰을 압수하고 체계적으로 관리한다. 이처럼 학교 성적의 대부분은 사고력과 창의력이 아니라 '얼마나 오랜 시간 공부할 수 있는지'에 따라 결정되는 것이다. 복싱 선수에 비유한다면 테크닉 이전에 달리기가 훨씬 중요한 것과 같다. 그래서 나는 공부 습관이 잡히지 않은 재학생에게 도서실이나 재수형 기숙학원 등을 추천하고 공부 습관을 바로 잡아야 한다고 자주 말한다.

학원은 헬스장과도 같고 학원 강사는 트레이너와도 같다. 우리가 잘 알듯이 굳이 헬스장을 가야 할 필요는 없다. 운동이 필요하다면 그저 밖으로 나가서 걷거나, 가까운 산에 가거나 혼자 운동하면 된다. 특히 수도권은 달리기에 적합하도록 잘 정비된 곳이 많다. 그런데도 우리는 헬스장에 간다. 이유는 이미 낸 돈이 아까워서이기도 하고, 트레이너의 독려 덕으로 1분이라도 더 운동할 수 있기 때문이다. 그런 장치가 없으면 좀처럼 웬만한 의지가 아니고서는 혼자서 하기 어려운 것이 운동인데 공부도 이와 비슷하다.

이런 원리가 학원에도 해당한다. 학부모가 학생을 학원에 보내는 건 학원 강사가 그들을 압박해 공부하게 만들기 때문이다. 만약 학원에 보냈는데도 아이들이 공부하지 않는다면 학부모는 전적으로 학원 탓을 한다. 학부모가 바라는 건 자녀에게 창의성과 사고력 함양이 아니라, 공부시켜서 성적을 올리는 것이기 때문이다. 그러나 이런 방법은 앞서 말한 첫 번째 그룹 학생에게는 잘못된 방식이다. 그들에겐 자유로움이 필요하고 들어주는 것이 중요하기 때문이다. 그러나 두 번째 그룹 학생에게는 가장 핵심적이고 효율적인 전략이라고 할 수 있다.

관리와 압박 전략

두 번째 그룹의 학습 전략으로 관리와 압박 전략을 추천하는 편이다. 이는 곧 공부 시간 그리고 공부 시간을 유지할 수 있는 절제력과 인내, 끈기 같은 덕목을 말한다. 공부 시간을 확보할 수만 있다면 학원이나 인강도 별 필요 없는 것이 사실이다. 누구나 구구단쯤은 쉽게 외울 수 있다. 요즘 학부모도 분수 계산이나 인수분해 정도는 어지간히 한다. 그러나 누구도 분수를 계산하며 특별히 어려운 수학 문제를 풀고 있다고 생각하지 않는다. 그저 누구나 할 줄 아는 상식에 해당한다. 내가 볼 때 고등학교 2학년 때 푸는 미적분 이전의 수학 대부분이 다 그렇지 않을까 싶다. 따라서 차이가 생기는 이유는 대개 공부의 질적인 수준이 아니라 양적인 문제이다.

두 번째 그룹에 속한 학생 중에는 성적이 잘 오르지 않고 입시 결과가 좋지 않은 학생이 많다. 그러나 그 학생 모두 특별히 머리가 나쁘거나 한 것이 아니다. 공부해야 하는 양이 너무나 많은데 그것을 이해하는 시간이 오래 걸리는 것이다. 이는 곧 많은 시간을 공부하면 당연히 해결될 문제라는 뜻이다. 첫 번째 그룹인 영재 학생의 경우 초등학교 4~5학년 기준으로 이차방정식 정도는 1주일에서 1달 정도면 모두 배운다. 그런데 두세 번째 그룹의 학생은 그것을 이해하고 능숙하게 풀려면 더 많은 시간이 필요하다. 이 차이가 궁극적인 성적 차이를 만들어 낸다.

자기 절제력이 핵심이다

한때 '자기주도학습'이 유행했다. 지나친 사교육 열풍 때문에 사교육 부담을 덜고 혼자 공부하는 습관을 들이자는 취지에서 만들어진 학습법이다. 대체로 취지에는 공감하나 위와 같은 사실 때문에 잘못되었다고 생각한다. 첫 번째 그룹의 학생을 제외한 나머지 그룹 학생들은 혼자 의지로 공부하기 어렵다. 즉 자기 절제력이 상대적으로 떨어진다. 중하위권 학생의 경우 자기 절제력만 갖춰도 성적이 오르는 경우가 많다. 특히 한국 입시는 많은 공부 시간이 필요하다. 공부량은 차치하고서라도 수행평가 등 신경 쓸 것이 많고 입시형 문제 때문에 쓸데없는 공부가 많다. 이때 자기 절제력은 꼭 갖춰야 할 요소다.

내 아들이 고등학교 1학년 때의 일이다. 아들이 학교의 공부 환경에 대해 말해줬는데 들으면서 그런 상황이 한심하게 느껴졌다. 그래서 아들과 논의한 후 곧바로 학교를 자퇴시켰다. 내가 자퇴한 아들에게 기대했던 것은 여느 부모처럼 공부와 적절한 휴식 그리고 남는 시간을 효율적으로 사용하는 것이었다. 그러나 아들은 막상 학교를 그만두자 밤새 게임에 빠져들었다. 거의 매일 폐인처럼 하루를 보냈고, 나는 결국 용돈을 끊겠다고 선언할 수밖에 없었다. 아들의 루틴을 회복시키기 위해서 내린 특단의 조치였다. 정상적인 시간에 일어나고 적당한 시간을 공부한 후 휴식하라는 요구이기도 했다. 용돈을 끊자 그제서야 아들은 아르바이트를 시작했고, 나름의 정상적인 생활로 되돌아왔다.

이렇게 말하는 나도 사실 별반 다르지 않다. 평소 유튜브를 즐겨 보는 편으로 특별한 일이 없으면 늘 유튜브를 보곤 한다. 내가 생각해도 너무 심하다 싶은 날엔 그만 봐야겠다고 마음먹지만 좀처럼 잘되지 않았다. 어른인 나도 이런데 청소년기 학생들은 오죽하겠는가. 그래도 학생에게는 루틴이 필요하다. 지루하고 답답하게 느끼더라도 관리가 필요한 이유이다. 일반적으로 수학은 계산이 대부분을 차지하고, 시험 문제는 대개 충분히 이해할 만한 수준에서 출제된다. 열심히 공부한다면 얼마든지 좋은 성적을 받을 수 있다는 뜻이다. 관리와 노력으로 충분히 역전 가능하다고 자부하는 까닭이다.

사교육도 필요하다

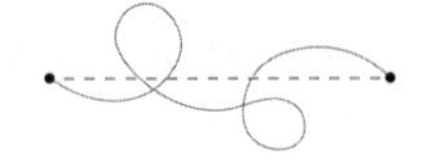

효율적인 공부를 위해서는 '학교+자기 노력+적절한 사교육'이라는 균형 잡힌 결합이 필요하다. 예전에는 일반적으로 공부란 주로 혼자 하는 거로 생각했다. 그러나 시대가 발전하면서 인간의 사고방식에 많은 변화가 생겼다. 대표적인 예가 운동과 다이어트다. 운동과 다이어트는 사실상 혼자 해도 아무런 지장이 없다. 앞서 말했듯이 밖에 나가서 인근 산에 오르거나 시민 공원 등의 잘 정비된 곳에서도 얼마든지 혼자 운동할 수 있다. 그런데도 우리는 헬스장에 등록한다. 헬스장에서 트레이너의 도움을 받으면 더 효율적이기 때문이다. 현대인의 고민거리인 다이어트도 마찬가지다. 혼자서 다이어트를 하다가 요요현상을 겪거나 식단조절에 실패하는 경우가 많다 보니, 이제는 많은 사람들이 전문가의 도움을 받아 다이어트를 하고 있다.

공부 또한 적절한 외부의 도움이 필요하다. 처음 학원에서 가르칠 때 나는 저소득층 지역에서 활동을 시작했다. 사실 공부랄 것이 없었다. 내가 문제를 풀어 주고 그냥 따라 풀게 하는 것이 대부분이었다. 지금 생각해도 적절한 방법이었다고 보는데, 현행 공부는 무언가 가르치는 것이 중요한 게 아니라 어떻게든 공부량을 늘리는 것이 중요하기 때문이다. 현행 공부는 공부량만 구조적으로 늘리면 어느 단계까지는 성적이 잘 오른다. 학교에서도 대부분 과제와 문제 풀이, 점검 위주로 수업이 바뀌고 있는데 그만큼 학교 수학도 기계화되고 있는 것이다. 사교육의 도움을 받는다는 것은 특별한 콘텐츠의 도움을 받는다는 뜻이 아니라 '관리 비용'을 내는 것에 가깝다. 그런데 이 관리 비용이라는 것이 과도하지만 않다면 돈을 들일 만한 가치가 있다고 생각한다. 공부는 억지로 시킨다고 해서 꼭 다 좋은 결과를 가져오는 건 아니다. 사교육이 능사는 아니나 보완재 역할로 활용하기에 충분한 장점이 있다고 본다.

내가 성공한 여러 사례가 있어서 그런지 수업을 요청하는 학생 중에는 대안학교, 혁신학교 학생이 적지 않았다. 이런 학교는 대체로 공부를 강조하지 않는 분위기다. 전반적으로 인문교육을 중시하고 수학과 물리학을 즐겨하지 않는 경우가 많다. 그런데 그와 같은 학교 출신 중에서 공부를 좋아하는 학생들도 꽤 있었다. 그럼에도 불구하고 공부를 적극적으로 가르치지 않는 환경 탓에 학교의 입시 결과는 좋지 못했다. 나는 이런 모습이 너무 안타까웠다.

학부모 중에 자유로운 학교 분위기를 중시하거나 자녀가 학교에 적응하지 못할 때 대안학교나 혁신학교에 보내는 것을 보곤 한다. 그런데 이런 경우는 하나는 알고 둘은 모르는 점이 있다. 그런 학교에 입학하면 당장은 아이들이 편하고 자유로울 수는 있다. 그러나 청소년기 교육의 목적은 아이들의 잠재력을 끌어내 성장시키는 것이다. 이를 위해서는 인내와 끈기 그리고 루틴을 가르치는 것이 필요하다. 이런 부분에서 학부모의 역할이 중요하며, 내 아이를 위해 관리를 해줘야 한다.

어떤 사교육을 찾아야 할까

여기서는 학부모가 사교육을 정할 때 어떤 부분을 살펴봐야 하는지 정리해 보려 한다. 대한민국은 사교육 왕국이라 말할 정도로 사교육이 넘쳐난다. 그래서 학부모는 제대로 된 알곡과 쭉정이를 골라내는 것처럼 좋은 사교육을 고를 줄 아는 안목이 필요하다. 그렇다면 좋은 사교육의 기준점은 무엇일까?

첫째로 도입부 개념 강의가 잘 구성된 사교육이다. 거듭 말하지만 나는 학원에서 오랜 기간 미적분을 가르쳐 왔다. 그런데 시간이 지날수록 미적분을 잘 몰랐다는 생각이 많이 들었다. 미적분의 의미, 역사적 배경 등을 무시한 채 문제 풀이만 계속했기 때문이다. 나뿐만이 아니다. 대다수 수학 교사가 그렇다. 동료 선생님과 따로 모여 이야기해 보면 대부분 수학을 그다지 좋아하지 않는다고들 말한다. 참 웃기고 모순적인 이야기다. 문제 풀이에 관한 이야기만 나누다 헤어질 때가 많다. 어쩌면 이게 한국과 미국, 일본의 차이인 것 같기도 하다. 미국이나 일본 학자가 쓴 책을 보면 배경 설명이 풍부하고 문제는 간략한 경우가 많다. 그러나 우리나라 책은 '왜 그런가, 왜 그래야만 하는가'와 같은 도입부 설명이 빈약하다. (개인적인 생각으로는 우리나라가 주로 미국과 일본 같은 선진국이 해 놓은 것을 그대로 답습하는 경우가 많아서인 듯하다.) 그러나 도입부의 설명은 내용 전체를 좌우한다.

초등학교 4학년에게 $\sqrt{2}+2\sqrt{2}=3\sqrt{2}$를 설명할 때의 일이다. 나름대로 열심히 설명했지만, 학생은 이해하기 어려웠나 보다. 학교에서 이것을 설명할 때 대략적인 풀이 방법만 알려주고 곧바로 문제를 푸는 경우가 대부분이다. 그러나 그렇게 설명하고 넘어가면 깊은 이해가 어렵고 이후 배우게 되는 내용들에서 한계에 부딪히게 된다. 나는 몇 번의 실패 끝에 '강아지+2강아지=3강아지'라는 설명으로 돌파구를 찾았다. 조금 유치해 보일 수도 있지만 도입부 설명을 잘하기 위한 나만의 방법이었다. 교과서에서는 이런 설명을 본 적은 좀처럼 없다. 루트를 설명할 때 저렇게만 도입부 설명이 가미되어도 초등학교 4학년 때 동류항의 정의와 계산을 정확히 이해할 수 있다. 이 공식을 이해하면 그다음 중학 수학 전반에 들어있는 대수 연산에 관해서도 쉽게 받아들일 수 있다. 따라서 사교육을 찾을 때 도입부 강의가 어떤지 직접 들어보고 결정하는 게 좋겠다.

둘째로 교과의 효율적인 재구성이 중요하다. 예전에는 사전을 많이 사용했다. 우리말 국어를 비롯해 영어사전도 집에 하나씩은 꼭 있었고 영어사전의 단어를 다 외우는 것이 한때 유행하기도 했었다. 몇백 페이지나 되는 사전을 문자 그대로 1쪽부터 외우는 것이다. 교과서, 참고서, 수학 교과도 이런 사전과 비슷하다. 거의 모든 내용이 들어 있는 블랙홀이라고 할 수 있다. 만약 학교 교육이나 사교육에서 교과를 학생들에게 사전을 외우듯 1페이지부터 곱씹게 한다면 이건 큰 문제다. 이렇게 공부를 시키는 건 현행 입시를 우습게 보는 것과 같다. 이런 식으로 공부해서는 대학에 갈 수 없다. 내일까지 서울에서 부산까지 가야 하는데 자전거를 타고 가겠다는 것만큼이나 무리한 생각이다. 무조건 빠르게 갈 수 있는 교통편을 찾아야 한다. 그러므로 사교육을 결정할 때 교과를 어떻게 재구성했는지에 관심을 가져야 한다. 만약 학교 교과 순서와 별다를 게 없다면 그것은 별로 좋지 않은 사교육이다. 교과 재구성에는 강사의 실력이 그대로 녹아 들어갈 수밖에 없다. 어느 사교육이든 강의 커리큘럼이 있을 테니 그것을 참고하길 바란다. 가능하다면 그것에 관한 설명회를 듣거나 직접 문의해 보는 것도 방법이다.

학부모가 직접 가르치는 것도 가능하다

나를 찾아오는 학부모 중에는 공대 출신의 아버지가 많다. 왜냐하면 공대 출신의 아버지는 자신이 학교 다닐 때 현행 교육의 문제점을 피부로 느꼈기 때문이다. 그래서 '지름길 수학공부법'에 공감하며 발 벗고 나서서 자녀를 가르치는 경우가 많다. 즉 공부법을 자신의 것으로 만들어 직접 가르치는 것이다. 특히 공부법의 대상인 초등학교 4학년에서 중학교 1학년 수학은 공대 출신 학부모가 아니더라도 충분히 아이들에게 가르칠 수 있는 수준의 수학이다. 만약 그렇게 느껴지지 않는다면 앞장으로 돌아가 3부를 다시 한번 읽기를 바란다. (공부법에 해당하는 구체적인 단원과 내용을 자세히 다룬 3부와 첨부한 강의를 참고하면 많은 도움이 될 것이다.)

괜찮은 사교육을 찾는 방법에 대해 간단히 설명했지만, 사실 이런 사교육을 찾는 건 말처럼 쉬운 일은 아니다. 무엇보다 '지름길 수학공부법'에 공감할 수 있는 교사를 찾는 게 어렵다. 대부분 현행 교육에 익숙해져 있어 자기 생각을 쉽게 깨지 않기 때문이다. 따라서 가장 좋은 방법은 학부모가 직접 가르치는 것이다. 자녀를 직접 가르친다는 게 부담스럽고, 어렵게 느껴질 수도 있다. 그러나 이 책을 참고한다면 충분히 가능한 일이다.

세 번째 그룹이 성공하는 방법

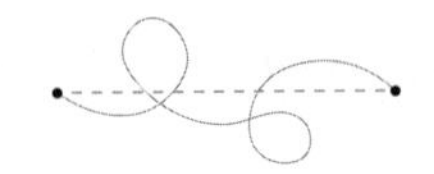

앞서 첫 번째 그룹과 두 번째 그룹에 관해 설명했다. 이번에는 세 번째 그룹(그밖에 지방대학, 전문대에 갈 학생)에 관해 설명하려고 한다. 누차 말하지만, 대한민국 고등학교 수학의 난도가 높다고 말할 수는 없다. 이 말인즉슨 누구나 노력하면 분명 수능에서 좋은 성과를 낼 수 있다는 뜻이기도 하다. 무조건 아이큐가 높은 학생만 좋은 성과를 내는 것은 아니다.

과거에는 공부를 하고 싶어도 할 수 없었던 사람이 꽤 많았다. 가정형편이 좋지 않은 사람도 많았고, 학교 환경도 지금보다 좋지 않았다. 교사도 수업보다는 학생의 인성이나 다른 부분을 지도할 때가 많았다. 그러나 지금은 양질의 교사와 콘텐츠가 넘쳐난다. 누구나 마음만 먹으면 좋은 교육 환경 속에 나를 집어넣을 수 있다. 따라서 교사의 실력이 부족하거나, 자료가 없어 공부를 못하는 경우는 사실상 없다.

바로 여기에서 두 번째 그룹(서성한, 중경외시라고 부르는 그룹에 갈 학생)과 앞서 말한 세 번째 그룹의 차이가 생겨난다. 이렇게 좋은 콘텐츠가 많은데, 두 번째 그룹은 이것을 활용하는 학생이고, 세 번째 그룹은 그렇지 못한 경우인 것이다. 원인은 학부모인 경우도 있다. 아이의 교육에 관심도가 높은 학부모는 자녀에게 양질의 교육 콘텐츠를 계속 억지로라도 제공해 줄 것이다. 그러면 아이들은 본인의 의지와 상관없이 계속 그런 콘텐츠를 통해 억지로라도 공부하게 된다. 반면 학부모가 아이들 교육에 관심이 없다면, 아이들은 공부할 기회가 없을 것이다. 결국 이 차이 때문에 두 번째 그룹과 세 번째 그룹의 차이가 생겨난다.

학부모가 아이 공부에 관심이 없다면 오로지 운에 맡길 수밖에 없다. 아이가 운 좋게 좋은 선생님을 만나 공부를 잘하게 되는, 소위 드라마에서나 나올 법한 스토리 말이다.

정서적 유대감도 필요하다

한편 세 번째 그룹은 공부 이외에 적절한 조건도 갖춰야 한다. 대부분 정서적인 문제가 포함된 경우가 많다. 어떤 학생은 종종 이성 선생님을 좋아해서 그 교사에게 잘 보이려고 공부를 열심히 하는 경우가 있다. 이처럼 세 번째 그룹의 학생들에게는 정서적 유대감도 중요하다. 물론 정서적 유대감은 어느 학생에게나 필요하다. 그러나 네 그룹 중 특히 세 번째 그룹은 이 정서적 유대감이 매우 중요한 사항이며, 어떻게 조절해주느냐에 따라 학업성취도가 달라진다.

고등학교 2학년인 여학생을 가르친 적이 있다. 이 학생은 전형적인 '감정형'으로 감정이 학업을 좌지우지하는 경우가 많았다. 다행히 A는 학원에 와서 선생님과 친구들을 만나는 것을 좋아했다. 하루는 학원에서 함께 음식을 먹었는데, 한동안 그 얘길 계속하며 학원에 오고 싶은 이유 중에 하나라고 말하기도 했다.

간혹 학부모 중에는 공부 이외의 시간이 공부하는 데 방해가 된다고 생각하는 분이 더러 있다. 그러나 자녀가 세 번째 그룹에 속한다면, 분명히 '정서적 동기'가 있어야 한다. 그래야 공부 시간 또한 유지할 수 있다. 이런 정서적 요인이 없이도 공부할 수 있는 학생도 물론 존재한다. 그러나 우리가 지금 다루는 주제는 그렇지 않은 학생에 관한 것이다. 이런 경우라면 정서적 유대감을 갖기 위한 다양한 친교 활동을 공부의 연장선으로 볼 수 있어야 한다. 단순히 공부를 안 한다고 윽박지르고 혼낼 일이 아니다.

대개는 이런 정서적 동기가 여학생에게만 중요할 거라 착각한다. 사실은 그렇지 않다. 남학생에게도 정서적 동기가 필요하다. 남학생의 경우 또래 모임이 특히 중요하다. 남학생 대부분은 몰려다니길 좋아한다. 그래서 함께 우르르 몰려다닌다. 이를 적절히 활용한다면 좋은 결과를 불러올 수도 있다. 교사나 친구와 함께 시간을 보내는 걸 좋아하는 여학생이 학원에 오고 싶어 하는 경우와 유사하다. 그런데 남학생들에게는 또 다른 문제가 발생한다. 바로 '절제'이다. 여학생은 친구와 어울리다가도 어느 정도 놀고 나면 곧잘 절제해서 공부 모드로 변하는데, 남학생은 절제력이 상대적으로 약한 듯하다. 이 차이 때문에 보통 여학생이 남학생보다 공부를 더 잘한다. 이는 연령대 차이도 존재하는데, 여학생은 중학생 정도의 나이가 되면 절제력이 생기지만, 남학생은 고등학교 정도는 되어야 목표 의식 등이 뚜렷해지기 때문이다.

정리하자면 세 번째 그룹의 학생에게는 정서적인 면에서의 관리가 필요하다고 말하고 싶다. 이 부분은 일차적으로는 학부모에게, 이차적으로는 교사에게 달렸다고 본다. 따라서 세 번째 그룹의 학생이 학원을 선택하거나 과외를 할 경우 이 부분을 중점적으로 케어하는 교사를 찾는 게 좋을 것이다.

칭찬, 성취감, 자신감

또 다른 공부 외적 요인으로는 칭찬, 성취감, 자신감이 있다. 오죽했으면 "칭찬은 고래도 춤추게 한다"라는 말이 있을까. 칭찬과 관련해 중요한 스킬 중 하나는 학생이 잘하는 것을 하게 만드는 것이다. 교과서는 많은 분량을 체계적으로 학생에게 전달하도록 설계되어 있다. 그러나 세 번째 그룹의 학생을 수업하는 관점에서 보면 교과서는 별로 추천할 만한 교재가 아니다.

중고등학교 수업에서는 무엇을 안다는 것보다 내가 무언가를 풀었다는 자신감이 훨씬 중요하다. 특히 중하위권 학생 대부분이 그렇다. 중하위권 학생은 대체로 공부에 관해 강한 '패배감'을 느끼고 있다. 진도는 정해진 분량대로 계속 나가는데, 그 어느 것도 제대로 이해하지 못한 채 넘어가기 때문이다. 그래서 한 번 놓친 진도는 웬만한 보충수업으로 따라잡기가 어렵다. 이런 경우엔 다음 두 가지 대책을 세울 수 있다. 첫째로 자신감을 회복할 수 있게 하는 것이고, 둘째로 그러면서도 진도를 늦추지 않는 것이다. 이 두 가지를 모두 해결하려면 교과의 뼈대가 되는 것을 추려 그것을 반복적으로 연습하는 것이 핵심이다.

대부분의 교과서는 중요한 단원과 중요하지 않은 단원이 섞여 있다. 그런데 학교에서는 모든 단원을 동일하게 진도에 맞춰 나가기 때문에, 학생들은 중요하지 않은 단원임에도 불구하고 애를 먹는 경우가 많다. 세 번째 그룹에 속한 학생이라면, 교과의 뼈대가 되는 단원을 추려 반복하는 것만으로도 자신감을 충분히 회복할 수 있을 것이다.

B는 초등학교 4학년으로 좀처럼 분수를 이해하지 못했다. $\frac{1}{2}+\frac{1}{3}$과 같은 분수 덧셈을 특히 어려워했다. 나는 이런저런 시도를 하다 아예 진도를 바꿨다. 어차피 수학은 다 연결되어 있다. 진도가 분수라고 어떻게 해서든 분수를 이해시키는 게 중요한 게 아니다. 이해가 되는 다른 무엇을 통해 수학적 감을 쌓아나가는 것이 중요하다. 이런저런 시행착오 끝에 학생이 아는 것을 찾아냈다. 그중 하나가 수열이었다. 수열은 고등학교 2학년 1학기 때 배우는데

생각보다 쉽다. 등차수열은 앞에서 예로 들었으므로 등비수열의 일반항을 구해 보자.

1, 2, 4, 8, 16…처럼 늘어선 등비수열이 있을 때

$a_1=1$
$a_2=1\times2$
$a_3=1\times2\times2$일 때
$a_{10}=1\times2\times\cdots\times2=1\times2^9=1\times2^{10-1}$ 이다.
그럼 a_{10000}은?
$a_{10000}=1\times2^{(10000-1)}$ 이고 $a_n=1\times2^{(n-1)}$ 이다.

B는 분수 덧셈을 제대로 하지 못했지만 위 수열은 잘 이해했다. 나는 B에게 많은 칭찬을 해주었다. 이런 경우 칭찬의 핵심 포인트는 해당 내용이 고등학교 2학년 1학기 수학이라는 점을 부각하는 것이다. 초등학생은 선생의 과도한 칭찬에 민감하게 반응한다. 아무리 오랜 시간이 흐른대도 아이들의 눈가에 웃음이 번지는 장면은 잊을 수 없을 것 같다.

기적은 부모의 훈육에서 이루어진다

사람은 누구나 타고난 달란트가 있다. 누구나 부모로부터 물려받은 유전자로부터 성장한다. 그런데 근래 들어 사람은 인간의 가능

성을 신뢰하게 되었고, 노력만 있으면 어떤 것이든 바꿀 수 있다고 믿게 되었다. 그 과정에서 교육의 역할을 과장하곤 했다. 지금도 다르지 않다. 많은 학부모는 자녀를 좋은 학원에만 맡기면 기적이 일어날 거라 착각한다. 영화나 드라마에서 이뤄지는 극적인 변화가 현실에서도 쉽게 가능할 거로 생각하는 것이다. 그러나 실상은 전혀 그렇지 않다.

사람은 누구나 타고난 달란트가 있고, 이걸 어느 정도 인정해야 성장할 수 있다. 이 때문에 학부모의 역할이 중요하다. 출발점은 다를지라도 학부모가 아이를 어떻게 훈육하느냐에 따라 도착점이 다를 수 있다. 특히 세 번째 이하 그룹의 경우 학부모의 훈육이 상당한 영향을 미친다. 솔직히 말하자면 지금까지의 경험에 비추어 볼 때 세 번째 그룹 이하의 학생은 입시 성공 가능성이 그리 높지 않았다. 물론 내가 가르쳐본 학생 중 두드러진 성과를 낸 경우도 있었지만, 그 과정은 절대 쉽지 않았던 게 사실이다.

사실 공부의 결과를 좌우하는 요인으로 가면 갈수록 부모의 역할이 커지는 추세다. 이제 입시는 그저 열심히 공부한 학생에게 유리한 시험도, 개천에서 용 날 수 있는 시험도 아니다. 부유한 환경에 속하거나 여러모로 부모의 전폭적인 지지를 받는 학생이 승리하는 게임이다. 입시가 요소 투입형으로 바뀌었기 때문이다. 중하위권 학생에게 기적을 바란다면, 그것은 부모가 훈육 방법을 바꾸는 것에서 비롯될 것이다.

내가 바라는 오늘날 입시의 개선점

이렇듯 오늘날의 입시는 불공정한 면이 있다. 그러나 기회는 공정해야 한다. 그런 이유로 입시는 다음 세 가지를 고려하여 개선되어야 한다.

첫째, 요소 투입이 많은 시험이 아니라 재능과 노력을 함께 고려하는 시험으로 바뀌어야 한다.

둘째, 상대적으로 환경이나 부모 요인이 약한 학생에게 적절하고도 더 많은 기회가 주어져야 한다. (서울대 지역균형선발이나 농어촌 학생 선발 같은 기회)

셋째, 기회의 지나친 연장은 없어져야 한다. 가혹하게 생각할지 모르겠으나 재수나 삼수까지는 허용하되 사수나 오수 등은 특별한 경우가 아니라면 제한해야 한다고 생각한다.

덧붙여 조기 입시 교육 풍토 또한 사라져야 한다. 너무 오랫동안 입시에만 열중하는 비정상적인 양상은 개인적으로나 사회적으로나 결코 바람직하지 않을 뿐더러 심한 낭비가 아닐 수 없다. 입시의 기적도 기본이 갖춰진 공정한 체제 속에서 노력과 열망으로 생겨나는 것임을 재차 강조하고 싶다.

만약 아이가 수포자라면

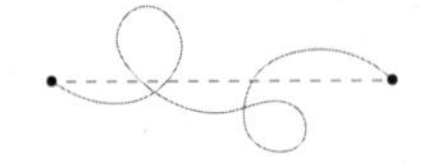

네 번째 그룹 이하의 학생이면 주로 수포자가 많다. 지금까지의 나의 경험에 비추어 볼 때 수포자는 대부분 태도가 문제인 경우가 많았다. 일반적으로 생각하는 것처럼 머리가 나쁘거나 하지 않다. 물론 머리가 나빠서 수포자가 된 경우도 있지만, 흔치 않다. 대부분 기본 절제력이 없는 아이들이었다. 앞에서도 말했지만, 상위권과 하위권은 '자기 절제력'에 따라 차이가 나기도 한다. 상위권은 주로 절제력이 좋은 학생들이다. 반면 하위권은 절제력이 부족한 편이다. 따라서 만약 내 아이가 수포자라면, 가장 먼저 '자기 절제력'을 길러줘야 한다.

이에 앞서 학부모가 먼저 수학이 어렵기 때문에 수포자가 된다는 생각 자체를 바로잡길 바란다. 우리나라 수학은 그다지 어렵지 않다. 수학의 내용 때문이 아니라, 학교 시스템 때문에 그렇게 될 뿐이다. 학부모가 환경을 갖춰주고 적절한 교사와 시스템이 받쳐준다면 수포자는 나오지 않을 것이다.

학교에서 주로 수포자가 나타나는 건 초등학교 4~5학년 정도이다. 수학 내용이 일상생활을 뛰어넘기 때문이다. 그전에 배우던 수학은 일상생활에서 접할 수 있는 덧셈, 뺄셈 수준의 수학이었다. 그러나 초등학교 4~5학년 때 배우는 수학은 x, y 등 익숙하지 않은 내용이 등장한다. 이때 자기 절제력이 있는 학생은 배우는데 시간이 좀 걸리더라도 점차 익숙해지지만, 그렇지 않은 학생은 수학이 어렵다며 포기하게 된다.

70점은 태도만으로도 가능하다

내 아이가 소위 말하는 '수포자'라면 100점이 목표는 아닐 것이다. 만약 내 아이가 수포자인데 수학 100점을 맞는 게 목표라면 아직 현실 파악이 되지 않았다고 본다. 그러나 제대로 현실을 파악하고 70점만 맞아도 충분하다고 생각한다면, 이건 현실적으로 달성 가능한 목표이다. 계속 얘기하지만, 수능 수학은 그렇게 어려운 공부가 아니다. 태도만 좋다면 70점은 쉽게 맞을 수 있는 공부다.

내 아이가 수포자라면 우선 '태도'부터 점검해 보자. 태도가 좋지 않다면 머리보단 태도 때문에 수포자가 되었을 가능성이 높다. 이런 경우라면 태도부터 바꿔줘야 한다. 아이에게 더 관심을 쏟고 앞에서 말한 '성향에 따른 공부 접근 방법'을 적용해서 아이의 태도를 바꿔주자. 이것만으로도 70점 정도는 거뜬히 달성하게 될 것이다.

투자를 아끼지 말자

수포자 학생마다 잘 모르거나 막히는 부분이 천차만별이다. 때문에 과거에는 학생 개개인의 니즈에 따라 대응하기 힘들었다. 수포자인 경우라면 더욱 소외되기 쉬웠다. 그러나 지금은 학교 수업에서 잘 다루지 못하는 부분도 쉽게 유튜브 영상 등으로 해결할 수 있다. 그리고 예전에 비해 개인 과외도 많이 활성화되었다. 그렇기에 더욱더 학부모의 결단이 필요하다. 진심으로 내 아이가 수포자에서 탈출하길 원한다면 그만큼 관심을 기울여서 행동해야 한다. 아이가 어려워하는 부분을 설명한 영상을 보여주거나, 사정이 된다면 사교육비를 지출하여 개인 과외를 시켜도 좋다. 이때에도 아이에게 수학에 대한 흥미를 줄 수 있는 선생님을 찾아야 함은 물론이다. 무조건 진도만 나가거나 여느 학생을 대하듯 수업하는 것이 아니라, 맞춤형 수업을 제공할 수 있는 선생이어야 한다.

1:1 맞춤형 수업을 추천하는 이유는 수포자 문제가 발생하는 주요 원인이 다수를 대상으로 하는 수업에 있기 때문이다. 수학에 애를 먹거나 수포자가 되는 학생들은 주로 수업에 기계적으로 참여하거나 내용의 미세한 부분 또는 흐름을 놓치고 이를 만회하지

못할 때 생긴다. 따라서 1:1 교육을 통해 놓친 부분을 하나하나 짚고 넘어가는 방식이 많은 도움이 된다.

수포자 문제가 발생하는 두 번째 원인이 있다면 바로 정서적인 요인이다. 어떠한 이유에서든 심리적으로 수학에 한 번 위축이 되면 이를 해결하는 데 많은 시간과 노력이 든다. 이 경우에도 1:1 교육을 통해 자신감을 회복하는 것이 중요하다. 수학 교육 현장에서는 관심이 주로 공부 잘하는 학생에게 향하고, 그렇지 않은 학생은 방치하곤 한다. 이런 상황에서 수포자들은 더욱 용기를 잃어갈 수밖에 없다. 이들을 바꾸려면 작은 성취에도 귀를 기울이는 지도자의 관심이 필요하다.

나는 수포자 문제에 관심이 있고 이를 주제로 한 책도 썼지만 수포자를 돌볼만한 적절한 시스템이 없다는 결론에 다다랐다. 결국 해결책을 찾지 못해 수포로 돌아갔지만, 요즘 같은 첨단 과학기술 시대에 여전히 수학 교육은 더욱더 필요할 수 밖에 없을 것이다.
수학을 포기하면 입시에서 좋은 결과를 얻기 힘들다. 수포자를 위한 새로운 돌파구가 마련되길 여전히 기대해 본다.

수업의 주인은 학생이다

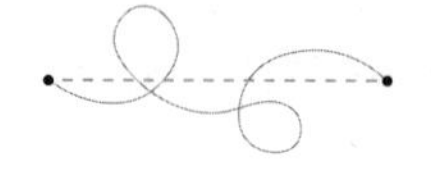

지금껏 학교 수학 교육은 어른 위주의 수업이 대부분이었다. 그렇기에 몇십 년이 지나도 교육이 바뀌지 않고 그대로인 것이다. 그런데 그 피해는 고스란히 우리 아이들이 받고 있다. 행복해야 할 학창 시절을 무의미한 공부를 하면서 보내고, 여러 학원에 다니며 힘든 생활을 해나간다. 거기다 재수, 삼수를 거듭하며 좋은 대학에 가려고 발버둥을 친다.

처음 교육에 관심을 가지게 된 계기는 교육 복지를 위해 서울의 한 가난한 동네에서 교육 복지 사업을 했을 때였다. 저렴한 수강료를 받고 수포자들을 가르쳤는데, 이 경험은 내 인생을 송두리째 바꿨다. 학생을 가르치면서 현재 교육 시스템에 정말 많은 문제가 있음을 깨달았고, 이때부터 교육 혁신에 관심을 두게 되었다. 내 교육목표는 두 가지이다.

첫째, 현행 12년 교육을 7년 정도로 앞당기는 것

둘째, 인생 사이클을 더 생산적으로 바꾸는 것

이 목표가 기존 교육업계에 몸담은 사람에게는 생소하게 들릴지도 모르겠다. 그러나 나는 오랫동안 아이들을 가르치며 이미 임상실험을 마쳤고, 실현 가능하다고 자부한다. 이제는 어른을 위한 수업이 아닌, 아이들이 주인인 수업을 해야 한다. 그래야 미래가 있을 것이다.

그동안 수학을 가르치며 여러 제자를 만났고 많은 수업을 해왔지만, 특별히 더 기억에 남는 순간과 제자가 있다. 내 수제자라고도 볼 수 있는 채영이와의 수업이 그렇다. 당시 채영이는 초등학교 4학년이었는데 똑똑하지만, 선행을 거의 하지 않는 학생이었다. 에너지가 넘치고 감정이 풍부하며 무엇보다 수학에 흥미가 있었다. 가끔 외국영화를 보면 제자와 스승이 함께 칠판 가득 수식을 적으며 문제를 푸는 장면이 나온다. 나와 학생들은 그렇게 문제 푸는 걸 즐겼는데 채영이도 마찬가지였다. 아래 문제는 채영이와 내가 같이 칠판에 수식을 적으면서 푼 예시이다.

학교에서는 보통 $x^2+2x+(\quad)=(x+1)^2$처럼 대수적으로 문제를 푼다. 대수는 본래 기계적인 성향이 있다. 문제를 효율적으로 다룰 수 있지만 전후 맥락을 생각해야 한다는 점에서 적절치 않다. 우리는 그림을 통해 위의 괄호 안에 들어가는 수가 1이 되어야 하는 이유를 생각해 봐야 한다.

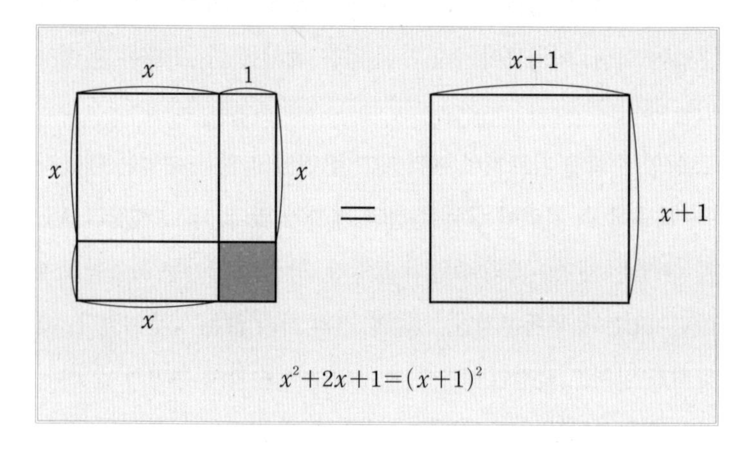

칠판 높이에 비해 채영이의 키가 너무 작았다. 채영이는 의자를 놓고 의자 위에 올라가 괄호에 들어갈 숫자 1을 찾아냈다(영상보다 더 호들갑스러운 칭찬이 있었더라면 좋았을 것 같다). 이를 완전제곱식이라고 하는데 중학교 수학의 백미 중 하나이다. 초등학교 4학년 학생이 중학교 수학의 백미를 돌파했으니 얼마나 뿌듯했을까.

아쉽게도 학교에서는 학생에게 기회를 잘 주지 않는다. 어떻게 푸는지만 알려주고 진도를 나간다. 나머지는 알아서 하라는 식이다. 가끔 학생들이 이런 소리를 할 때가 있다. "수업 시간에 왜 선생님만 말해요?" 맹랑하기는 하지만, 적지 않은 학생이 그런 생각을 한다. 오래전 일이긴 하지만 나도 그랬던 것 같다.

이제 수업의 주인은 학생이 되어야 한다. 오늘날 교육은 너무나 안타깝게도 어른 위주의 교육이 되어 버렸다. 정치인은 학생을 위한 교육 정책은 뒷전이고 당파 싸움에 혈안이 되어 있다. 가장 중요하고 관심을 쏟아야 할 대상은 바로 우리의 아이들인데도 말이다. 아이들이 우리의 미래라고 외치면서 정작 이들을 위한 교육 개선이나 실질적인 타개책은 턱없이 부족했다. 주먹구구식의 교육 정책으로 아이들의 혼란만 가중시켜 왔을 뿐이다.

지금이야말로 근본적이고 일관적인 교육 혁신이 필요한 때이다. 수업의 주인인 학생 중심으로 학교 교육의 재편이 이뤄질 때, 마침내 백년지대계百年之大計를 꿈꿔볼 수 있을 것이다.

에필로그

또 한권의 책을 세상에 내보낸다. 이 책 또한 일선 현장에서 꼬맹이들과 씨름했던 고뇌와 탐구의 기록이다.

내가 생각하기에 나는 좋은 선생이다. 학생들을 고객으로 보지 않고 그의 특성에 맞게 진심으로 최선을 다하고 있으니 말이다. 하지만 시간이 흐를수록 시스템이 문제라는 생각이 든다. 수학 문제는 점점 산처럼 쌓이고 학생들은 산처럼 쌓인 문제들을 모두 풀어야 한다. 반대로 나는 필사적으로 필요없는 개념과 문제들을 덜어내는 데 집중한다. 수학이 원래 그런 것이기 때문이다.

핵심과 골자를 중심으로 교과 전반을 재구성하는 것, 그것이 이 책의 결론이자 내가 이 책을 통해 말하고자 하는 모든 것이다. 그리고 그것을 토대로 학교를 근본적으로 재구성하자는 거창한 제안을 덤으로 얹었다.

이 책을 특별히 초4~중1 아이를 둔 학부모들에게 강추하고 싶다. 이 시기 아이들은 학교 시험의 부담이 없기 때문에 선택의 폭이 크다. 이럴 때 학교 진도를 무신경하게 따라 가기보다는 목적의식이 뚜렷한 필자의 제안을 수용하기 바란다. 무엇보다 어차피 해야 할 공부를 하는 것이니만큼 결정에 따른 기회비용 자체가 없을 것이다.

특별히 나의 친구가 되어준 초등학교 꼬맹이들에게 감사의 인사를 전한다. 본문에서 거듭 언급했지만 나는 녀석들과의 수업을 통해 $\sqrt{2}+2\sqrt{2}$가 $3\sqrt{4}$가 아니라 $3\sqrt{2}$임을 깨달았다. 나는 동류항이라는 기초 개념을 진심으로 이해할 수 있었는데 이건 고만고만한 중고등학생들과의 문제풀이 수업보다 근본적이고 중요한 것이었다.

앞으로도 수학교육을 혁신하는 데 나름의 역할을 할 수 있기를 기대한다.

민경우

부록

부록

부록으로는 본문에서 이야기 했던 수학적 내용에 좀더 첨부하고 싶은 이야기를 담고 싶다. 또 나름대로 고안해왔던 중학 수학 관련 교과 개편안을 소개하고자 한다.

1. 수 체계

중1

1)(음수)×(음수)=양수

아래는 시중 교과서에서 '(음수)×(음수)=양수'를 설명하는 하나의 예시다. 이런 설명은 적절치 않아 보인다. 수학에서 음수가 차지하는 비중을 고려한다면 좀 더 자세한 풀이 설명이 필요하다.

④ (음수)×(음수)
초속 3m로 서쪽으로 달릴 때,
2초 전의 위치는 +6이다.

즉 $(-3)\times(-2)=+6$

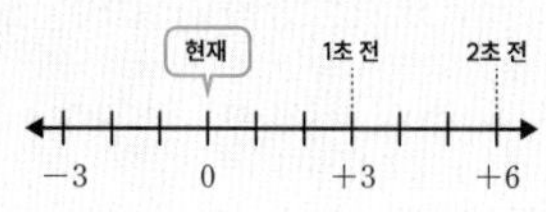

중2

2) 무한소수

아래는 중학교 2학년에 나오는 무한소수 부분 관련 문제이다.

예를 들어 순환소수 $0.\dot{2}$를 x라고 하면

$x=0.222\cdots\cdots$ ① 이고,

①의 양변에 10을 곱하면

$10x=2.222\cdots\cdots$ ② 이다.

이때 x의 소수점 아래의 부분과 $10x$의 소수점 아래의 부분이 같으므로

②에서 ①을 변끼리 빼면

$9x=2,\ x=\frac{2}{9}$ 이다.

즉, $0.\dot{2}=\frac{2}{9}$이다.

②에서 ①을 뺄 때 $9x=2$가 되기 위해서는 $0.22222\cdots$가 무한이

어야 한다. 무한이 아니라 유한이라고 가정한다면 값이 달라진다. 가령 $x=0.22222$라면 $10x=2.2222$가 되어 $9x$ 값은 1.99998이 된다. 이것이 무한이 가진 강력한 특징이다. 이를 다시 풀면 다음과 같다.

$$x=0.2222222\cdots$$
$$=0.2+0.02+0.002+\cdots$$
$$=0.2+0.1\times(0.2+0.02+\cdots)$$에서 괄호 부분을 x로 놓으면
$$x=0.2+0.1x$$
$$0.9x=0.2$$
$$x=\frac{2}{9}$$

이는 고2 때 배우는 무한등비급수(항의 개수가 무한인 등비급수)와 같은 내용으로 한꺼번에 공부하길 바란다. 중학교 수학은 전반에 걸쳐 이런 내용이 많다.

$x=\sqrt{2+\underline{\sqrt{2+\sqrt{2+\sqrt{2+\cdots}}}}}$에서 밑줄 친 부분을 x로 하면

$x=\sqrt{2+x}$

$x^2=2+x$

$x=2$ 또는 $x=-1$

$x>0$ 이므로 $x=2$

이런 계산 또한 무한이기 때문에 가능한 수식이다. 따라서 중학 수학 과정에서 무한과 관련된 내용이 나오면 특별히 강조해서 가르쳐야 한다.

중3

3) 제곱근과 실수

먼저 제곱근을 넘어 세제곱근, 네제곱근 등과 유리수와 지수를 같이 배우면 좋을 듯하다. 다행히 별로 어렵지 않다.

$x^{100}=3$ 에서

$x=\sqrt[100]{3}=3^{\frac{1}{100}}$이다.

이 문제를 풀기 위해서는 제곱근을 지수와 연결할 수 있어야 한다. 그러면 꽤 어려워 보이는 고2 문제도 여유롭게 풀 수 있다. 아래 문제는 〈2025학년도 6월 고3 모의고사〉에 나온 문제로 어려워 보인다. 하지만 풀이법은 생각보다 간단하다.

1. $\left(\frac{5}{\sqrt[3]{25}}\right)^{\frac{3}{2}}$ 의 값은? [2점]

① $\frac{1}{5}$ ② $\frac{\sqrt{5}}{5}$ ③ 1 ④ $\sqrt{5}$ ⑤ 5

$$\left(\frac{5}{\sqrt[3]{25}}\right)^{\frac{3}{2}}$$

$$=\left(\frac{5}{5^{\frac{2}{3}}}\right)^{\frac{3}{2}}$$

$$=(5^{\frac{1}{3}})^{\frac{3}{2}}$$

$$=5^{\frac{1}{2}}$$

따라서 정답은 ④번, $\sqrt{5}$ 이다. 이 문제로 알 수 있듯이 제곱근, 세제곱근, 네제곱근 등과 유리수와 지수를 연결시켜서 배우면 훨씬 효율적으로 공부할 수 있다.

4) 복소수와 연산

나는 중3 수학에서 오일러 등식을 반드시 가르쳐야 한다고 본다. 오일러 항등식을 풀기 위해서는 미분 등을 알아야 하지만 허수, 복소수를 중3 때 배우는 점을 고려한다면 충분히 가능하다. 만약 모른다고 해도 괜찮다. 모르면 모르는 대로 가르치고 배울 수 있다고 본다. 너무 다 알고 있어야 한다는 부담감을 버리고 아는 만큼 배우고 즐기는 것도 필요하지 않을까 싶다.

아이러니하게도 어렵기에 더욱 빠져들게 만드는 문제가 있다. 수학은 어려울수록 흥미가 유발되는 매우 특이한 학문이다.

바로 $a^3+b^3+c^3-3abc=(a+b+c)(a^2+b^2+c^2-ab-bc-ca)$를 유도하는 문제처럼 말이다. 한 번은 똑똑한데 수학에 흥미가 없는 학생에게 1시간에 걸쳐 위의 식을 유도하면서 동기부여를 한 적이 있다. 녀석은 초반에는 심드렁하더니 수업 끝날 때쯤에는 빙그레 웃으며 풀이한 종이를 집에 가지고 가겠다고 했다. 오래도록 수학을 가르치며 가장 기억에 남는, 인상적인 장면이다. 매력적인 이 문제의 식을 유도하면 다음과 같다. (이 문제도 일종의 자격시험 후보로 올려 두면 좋겠다.)

$$a^3+b^3+c^3-3abc$$

$$=(a+b)^3-3ab(a+b)+c^3-3abc$$

$$*\ a+b=x$$

$$=x^3-3abx+c^3-3abc$$

$$=(x+c)^3-3xc(x+c)-3abx-3abc$$

$$=(a+b+c)^3-3(a+b)c(a+b+c)-3ab(a+b)-3abc$$

$$=(a+b+c)^3-3(ca+bc)(a+b+c)-3ab(a+b+c)$$

$$=(a+b+c)\{(a+b+c)^2-3(ca+bc)-3ab\}$$

$$=(a+b+c)(a^2+b^2+c^2+2ab+2bc+2ca-3ca-3bc-3ab)$$

$$=(a+b+c)(a^2+b^2+c^2-ab-bc-ca)$$

방정식과 대수에 관해 나는 아래와 같은 개편안을 제안하고 싶다.

첫째, 해당 교육과정이 전체적으로 너무 길고 장황하다. 간소화하는 것이 옳다고 본다. 특히 문장제(문장 형식으로 표현된 시험 문제)는 대부분 생략할 수 있다. 다항식의 연산, 나머지정리, 인수분해 등은 방정식을 해결하면서 처리할 수 있으므로 중복되는 부분이기 때문이다.

둘째, 방정식과 관련된 어려운 문제 몇 가지를 출제하여 일종의 자격시험처럼 처리하면 어떨까 싶다. 이차방정식의 근의 공식을 통과하지 못하는 학생은 유급이 되도록 제도화하면 좋겠다. 모든 학생이 근의 공식을 풀 수 있어야 한다. 학교 시험을 잘 보는 것보다 근의 공식을 잘 푸는 것이 훨씬 더 교육적이고, 학생들의 수학 실력 향상에도 도움이 된다고 판단하는 까닭이다.

먼저 다음 문제부터 확인하길 바란다. 참고로 나는 이 문제가 한국 수학교육의 최대 난센스라고 생각한다.

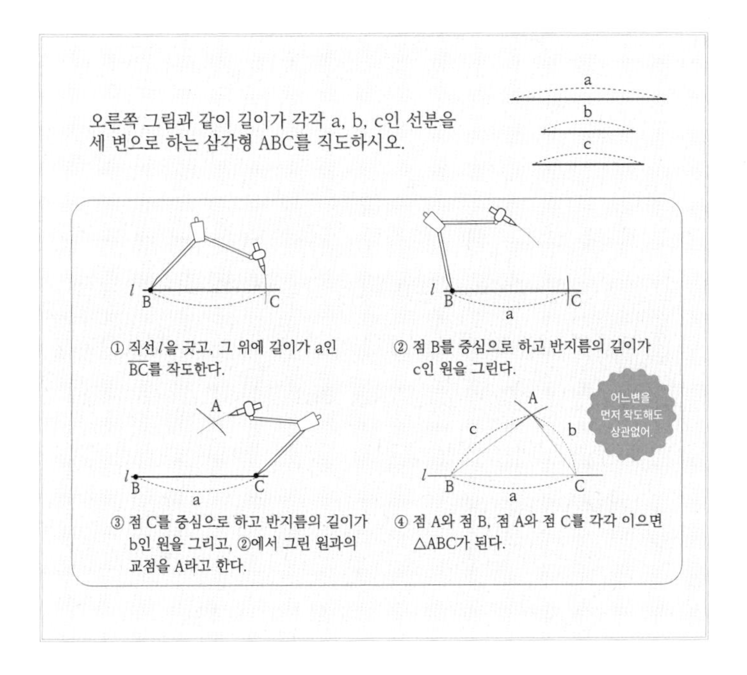

이런 이상한 문제를 풀어야 하는 이유는 고대 그리스 수학이 눈금 없는 자와 컴퍼스를 이용했기 때문이다. 나는 중고등학교 다닐 때도 컴퍼스를 거의 사용하지 않았다. 컴퍼스는 고대 그리스 수학의 자취를 느껴 보기 위해 쓰는 도구에 불과하다. 나를 비롯하여 대부분 학교에서 그냥 스치듯이 넘어가는 문제에 가깝다. 만약 이런 공부가 필요하다면 명확한 이유를 밝혀 설명하는 편이 유익하겠다.

EBS 다큐프라임 〈문명과 수학〉 2부를 보면 유클리드의 《원론》에 관해 자세히 다뤘다. 수학의 역사에서 아주 중요한 위치를 차지하는 《원론》은 이렇게 시작한다. "점이란 부분이 없는 것이다." 내가 수학 선생이 된 후 오랫동안 음미했던 명문장이다. 이를 현대적인 방식으로 설명하면 점은 넓이가 있는 물리적 존재가 아니라 수학을 하기 위한 가공의 존재라는 정도로 해석된다. 이 말을 이해하느라 꽤 오래 걸렸고 그 과정에서 나는 많이 성장했다. (더욱 구체적인 내용은 다큐를 참고하면 좋겠다.)

중학교에서 배우는 기하학 전체가 고대 그리스의 수학관을 이해하지 못하면 받아들이기 어려운 문제들이 있다. 바로 내심, 외심과 같은 것들이다.

삼각형의 외심

삼각형의 세 변의 수직이등분선은 한 점(외심)에서 만나고,
이 점에서 삼각형의 세 꼭짓점에 이르는 거리는 모두 같다.

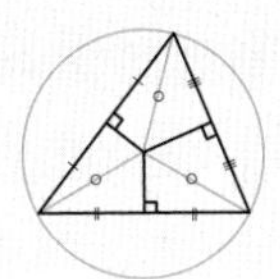

삼각형의 내심

삼각형의 세 내각의 이등분선은 한 점(내심)에서 만나고,
이 점에서 삼각형의 세 변에 이르는 거리는 모두 같다.

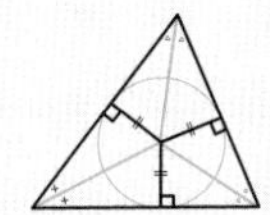

내심은 삼각형의 세 각을 이등분했을 때 만나는 점이고, 외심은 세 변을 수직이등분 했을 때 만나는 점이다. 학교를 졸업한 지 오래되었건만 이 부분은 지금도 또렷이 생각난다. 그만큼 공부를 많이 한 셈인데 선생이 되어 돌아보니 조금 억울하다는 생각이 든다. 공부할 필요는 있으나 이 부분에 대한 공부를 너무 지나치게 많이 한다. 사실 내심과 외심보다 훨씬 더 중요한 것은 방정식과 함수인데 말이다. 중학 방정식과 함수 문제는 기계적인 풀이에 가까워 공부하기가 쉽다. 반면 기하는 좋게 말하면 창의적이고 나쁘게 말하면 우연적이다. 따라서 공부량이 많고 어렵다. 우

연적인 요소가 많이 개입되므로 시험 문제도 어렵게 출제된다. 중학 수학에서 이런 이유로 기하가 차지하는 비중이 크다. 하지만 이건 본말이 전도된 것이다. 데카르트는 기하에서 보조선을 그리는 등의 해법을 부정적으로 보고 수와 대수가 주는 기계적이고 정교한 해법을 기하에서 빌려와 좌표기하(해석기하)를 창안했다. 현재 중학 수학에서 기하의 비중은 데카르트 이래 수학의 전통과도 배치된다. 기하의 비중을 줄여야 한다.

내가 그리스 기하에서 꼭 알아두었으면 하는 내용이 있다면 아래 세 가지다.

---

1. 원
2. 구의 부피
3. 피타고라스 정리

이 중에서 가장 중요한 것은 피타고라스 정리일 것이고, 나는 피타고라스의 정리를 중심으로 중학 수학을 재구성하는 것이 옳다고 본다. 왜냐하면 첫째, 그리스 기하학이 눈금 없는 자와 컴퍼스라는 '골방' 수학인 반면 피타고라스의 정리는 고대 이집트의 피라미드 건설장과 같은 현장에서 발전한 수학이기 때문이다. 둘째, 피타고라스의 정리를 다뤄야 제곱과 제곱근이 등장하고 궁극적으로 이를 통해 수학 교과 과정을 몇 년 앞당길 수 있는 까닭이다.

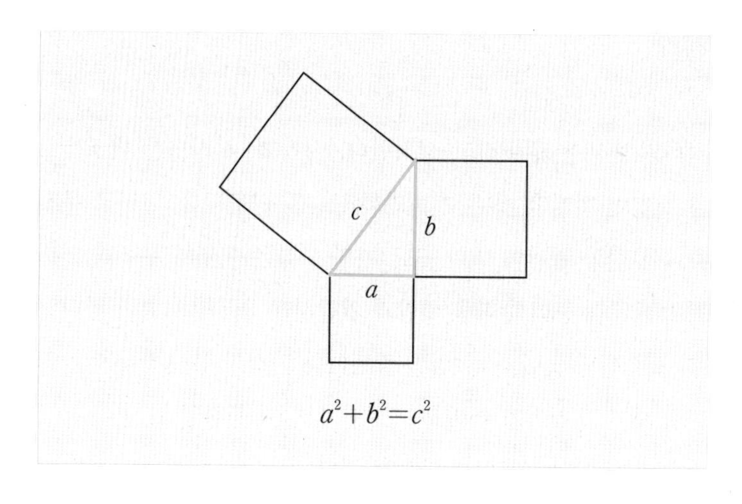

피타고라스의 정리는 워낙 유명하여 대부분 잘 알거라 생각한다. 이 장에서는 '원'과 '구의 부피'에 대해 중점적으로 설명하고자 한다.

<원>

기하의 백미는 원이라고 생각한다. 삼각형, 사각형은 단조롭고 큰 특징이 없지만, 원은 천변만화千變萬化의 근원이다. 그리고 무엇보다 무한과 관련이 있다. 고2 이후 수학은 대부분 무한과 연관되기 때문에 중학 수학을 무한과 연결시켜 공부할 필요가 있다.

다음은 원의 넓이가 πr^2임을 증명하는 과정이다. 복잡하지는 않지만 쉽게 생각하기 어려운 기발한 착상이 등장한다. 이런 문제가 좋은 문제의 표본이지 않을까 싶다.

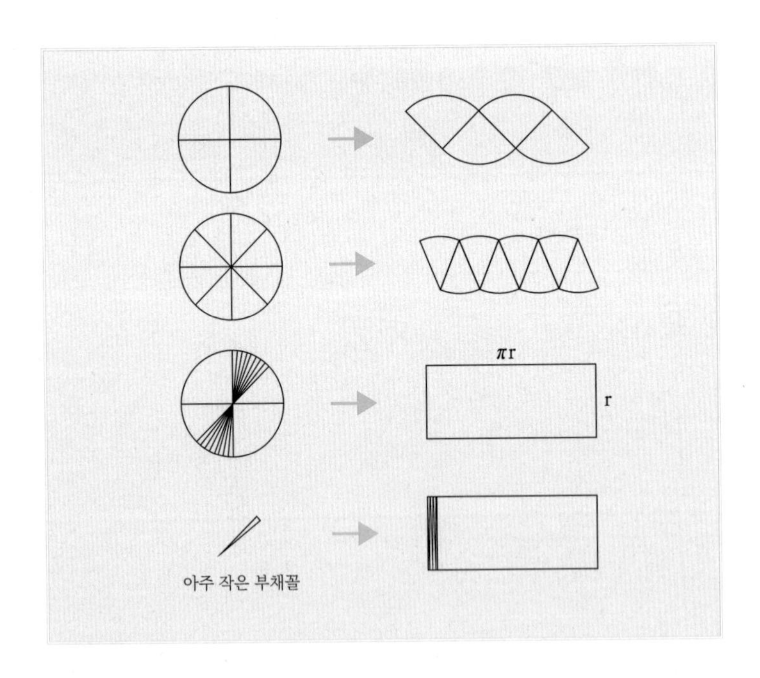

나는 이 문제를 다룰 때마다 미적분과 연관 지어 설명하는 편이다. 원을 무한으로 쪼개면 가로 길이가 아주 작은 부채꼴이 등장한다. 여기서 무한의 마술이 등장한다. 원을 10, 100, 1000개의 조각으로 쪼개면 부채꼴의 호의 곡선이 사라지지 않지만, 무한으로 쪼개면 곡선이 직선처럼 변한다고 보는 것이다. 이것이 17세기 미적분 선각자들이 주장했던 dx이다(19세기 극한으로 대체됨). 무한히 잘게 쪼갰을 때 무수히 많은 부채꼴이 무수히 많은 직사각형으로 바뀌는데 직사각형의 넓이를 구할 수 있다. 가로×세로이므로 가로는 원주의 반($\frac{1}{2}$)인 πr이고 세로는 r이다. 이를 곱하면 πr^2이 된다. 기발하지 않은가?

<구의 부피>

그리스 기하에서 꼭 소개하고 싶은 내용은 아르키메데스Archimedes의 묘비석이다. 아르키메데스는 구가 외접하는 원기둥의 관계에 대한 발견을 자랑스러워해서 자신의 무덤에 새겨달라고까지 했다.

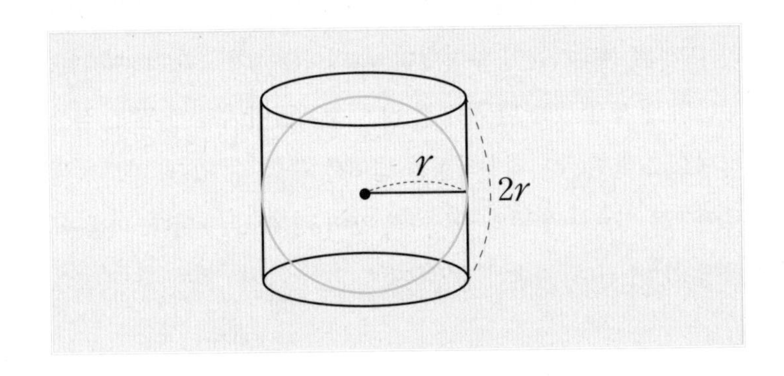

이는 구의 부피가 $\frac{4}{3}\pi r^3$임을 증명하는 과정과 연관이 있다. 어렸을 때 학교에 다닐 때 이 공식을 달달 외웠지만 왜 그런지는 잘 이해가 가지 않았다. 선생이 돼서야 이를 증명하는 과정을 보니 왜 아르키메데스를 수학의 3대 천재라 부르는지 알겠다는 생각이 들었다. 교과서에 소개되어 있긴 하지만 해당 증명을 제대로 가르치는 곳은 거의 없는 듯하여 늘 아쉽다. 그럴 때면 과연 우리는 수학을 제대로 가르치고, 배우는지 회의감이 들곤 한다. 유명한 문제이므로 한번 검색해 보기 바란다.

4. 함수

함수는 우선 진도가 느리고 장황하다. 좌표평면과 그래프를 1학년 때 배우고 일차함수를 2학기 때 배우는 것은 터무니없는 중복이다. 현장에서 학생을 가르친 경험에 비춰볼 때 초등학교 4학년이면 함수를 충분히 배울 수 있다. 교과서 진도 또한 1~2학년 치에 해당하는 내용을 하루면 다 나갈 수 있을 정도다.

아래는 고1-1(수학(상)) 〈방정식과 부등식〉 목차이다.

❶ 복소수와 이차방정식

01 복소수의 뜻과 사칙연산

02 이차방정식의 판별식

03 이차방정식의 근과 계수의 관계

❷ 이차방정식과 이차함수

01 이차방정식과 이차함수의 관계

02 이차함수의 최대, 최소

❸ 여러 가지 방정식과 부등식

01 삼차방정식과 사차방정식

02 연립이차방정식

03 연립일차부등식

04 절댓값을 포함한 일차부등식

05 이차부등식과 연립이차부등식

이는 내가 고등학교에 다니던 80년대 초반 커리큘럼과 거의 같다. 오히려 내용이 조금 줄었다. 아마도 교수진은 단원 Ⅱ를 중심에 두고 고1 과정 전체를 배치하지 않았나 싶다. 그런데 전체적으로 내용이 너무 쉽고 수능 진도와도 잘 맞지 않는다. 무엇보다 예전에 비해 지금 학생들의 수준이 비약적으로 발전했다. 이런 커리큘럼은 했던 이야기를 또 하고, 했던 이야기를 순서만 바꿔서 또 하는 것과 비슷하다고 본다. 따라서 이차함수를 평이하게 보고 이를 이차방정식, 부등식과 연계짓기보다는 지름길 학습법에서 추구하듯이 미분과 연관 지어 공부의 활력을 높이는 방안이 더 좋을 것이다. 추가로 공부할 수 있다면 합성함수, 역함수, 유리함수, 무리함수 등 여러 함수를 배우는 것도 적절하다고 본다.

5. 기타

1) 고1-1(수학(상)), 원의 방정식 등 〈도형의 방정식〉도 적절히 미리 배우는 편이 좋다고 생각한다. 현대 수학의 추세에 맞게 중학 수학에서 좌표기하를 중심에 두고 그리스 기하학은 탐구 영역으로 하면 어떨까 싶다.

2) 고1-2(수학(하)), 〈집합과 명제〉는 예전에 비해 가장 극적으로 달라진 단원이다. 80년대 초반 나는 무슨 소리인지도 모르면서 집합을 배웠다. 나중에 더 심도 있게 공부해 보니 현대 수학에서 집합이 의미하는 바가 작지 않다는 것을 깨달았다. 그래서 당시 교과서는 집합을 전면에 배치하고 기초 삼아 전체적인 교과서의 틀을 잡았다고 본다. 그런데 지금은 달라졌다. 애매한 곳에 자리한다. 사교육 억제정책과 교과 감축 때문이다. 집합을 대하는 태도야말로 교과서에 담긴 수학 철학을 잘 보여준다고 생각한다. 70년대 내가 배우던 수학, 모든 학생이 수업 첫 시작부터 집합을 배우던 시기에는 수학을 제대로 가르치자는 철학이 주를 이뤘다. 한데 집합이 주변부에 배치된 지금의 수학은 가능하면 어려운 내용은 빼버리고, 쉽게 가자는 현 수학교육의 기조를 대변하는 것만 같다.

어려워도 깊이 있고, 지적인 세계를 지향함이 수학의 본질 아니던가. 냉철하게 고뇌하고 끊임없이 문제를 제기하며 비판하는 철학이 사라져가는 이때, 한 번쯤 생각해 볼 만한 대목이다.

6. 확률과 통계, 수열

확률과 통계, 수열은 일상생활과 밀착된 영역이라는 특징이 있다. 다른 여러 문제는 수학의 특징인 수학 기호로 되어 있어 해당 내용을 모르면 전혀 풀지 못한다. 그러나 아래의 예시, 확률과 통계 문제는 이해 가능한 수준의 언어로 구성되었다. 〈2025학년도 고3 6월 모의고사〉 수학 선택 과목 중 〈확률과 통계〉 문제를 살펴보자.

23. 네 개의 숫자 1, 1, 2, 3을 모두 일렬로 나열하는 경우의 수는? [2점]

① 8 ② 10 ③ 12 ④ 14 ⑤ 16

경험한 바에 따르면 확률과 통계나 수열은 수학 초심자도 어느 정도 이해할 수 있고, 꽤 어려운 문제라고 해도 어찌어찌 푼다. 문제 풀이를 알려주면 이해하는 정도도 높다. 확률과 통계, 수열등 일상언어로 되어 있는 수학 분야 대부분이 그러하다. 그렇다면 가르치는 순서와 난이도를 조절할 필요가 있다.

고등수학에서 다루는 내용 대부분을 중학 수학으로 재편해도 된다. 위의 문제가 좋은 표본이다. 만약 이 문제의 풀이법을 정확히 모르겠다면 그냥 되는대로 일일이 나열해도 된다. 1123, 1132, 1213··· 하나하나 다 세도 문제 되지 않는다.

이 문제처럼 같은 것을 포함하는 걸 순열(주어진 것 중 몇 개를 취하여 어떤 순서로 나열하는 일)이라고 한다. 공식을 대입해서 풀면 $\frac{4!}{2!}=\frac{4\times3\times2\times1}{2\times1}$, 정답은 12이다. 그다지 어렵지도 않고, 순열이라는 명칭과 공식에 들어가는 '!' 같은 기호는 천천히 알아도 된다. 따라서 얼마든지 중학교 수학 과정으로 편성해도 문제 되지 않는다. 중1 단원 〈자료의 정리와 해석〉, 중3 〈상관관계〉도 생활밀착형 단원에 해당하므로 굳이 억지로 일상생활과 연관시켜 수업하지 않아도 된다. 학생들이 통계 단원에 대한 허들이 높은 이유는 기호와 수식 때문으로, 조금 일찍부터 해당 과정을 다루는 것이 옳다고 본다.

현 교과서는 고전 수학인 그리스 기하에 해당하는 비중이 확률과 통계 같은 현대 수학에 비해 훨씬 높다. 교과서 집필자가 상대적으로 별다른 비중을 두지 않는 단원은 학생도 중요하게 생각하지 않기 마련이다. 확률과 통계의 비중을 현저히 높여야 한다고 본다. 덧붙여 기호와 수식이 본격적으로 등장하는 단원은 조금 더 앞부분에 배치시켜도 좋겠다.

7. 현 수학교육의 보완점

교과를 대폭 간소화한 후 보완되었으면 하는 것들이 있다.

첫째, 고2 과정 특히 미적분을 전면에 배치해야 한다.

미적분은 생각보다 어렵지 않다는 인식을 심어줘야 한다. 대개 미적분을 어렵게 느끼는 이유는 주로 공부할 분량이 많고 수능에서 어렵게 출제되기 때문이다. 앞에서도 말했지만, 대수는 기계화를 목표로 한다. 대수는 기하와 달리 공식과 기본기만 익히면 별다른 어려움 없이 잘 풀 수 있다. 기하에 좌표를 도입한 좌표기하가 그리스 기하에 비해 쉬운 이유도 이런 특징 때문이다. 미적분의 창시자, '뉴턴Isaac Newton'과 '라이프니츠Gottfried Wilhelm von Leibniz' 이전에도 무한을 다루고자 하는 인류의 관심은 대단했다. 뉴턴과 라이프니츠가 위대한 이유는 무한에 대한 인간의 관심을 체계화했다는 점이다. 특히 라이프니츠는 기호를 정비하여 무한의 세계를 다루는 인류의 역량을 비약적으로 제고했다. 그로 인해 고등학교 미적분은 대부분 계산이다. 그런데도 어렵게 느껴지는 까닭은 배우는 양이 많아 공식을 외우는 데에도 한참 걸리기 때문이다. 또한 지수 · 로그와 달리 문제 자체가 어려워서 지레 겁을 먹게 되는 심리적 이유에서다. 따라서 가능한 한 빨리 미적분을 배우길 권한다.

하루라도 일찍 미적분을 시작해서 방대한 공부량을 채우고, 공식과 기본기를 탄탄히 다져 까다로운 문제에도 익숙해질 것을 권유한다.

둘째, 교양 수학 또는 수학사를 강화해야 한다.

교과서는 교양과 수학사의 보고가 되어야 한다. 다음은 중1 〈소인수분해〉에서 발췌한 내용이다. 소인수분해와 RSA 암호와 관련한 설명이 훌륭하다.

비밀의 언어, 암호

암호는 영화 속 스파이들만 쓰는 것이 아니라 정치, 행정, 산업, 금융 등 실생활의 여러 분야에서 널리 쓰인다. 암호를 만드는 방식을 공개해도 숨겨진 의미를 찾아내기 어려운 암호 체계를 '공개 열쇠 암호 체계'라고 하는데 그중 대표적인 것이 RSA 암호 체계이다.

RSA 암호 체계는 큰 수의 소인수분해가 어렵다는 점을 바탕으로 한다. 예를 들어 6012707이 두 소수의 곱으로 만든 수라는 것을 공개해도 어떤 소수의 곱인지 알아내는 것은 쉽지 않다. 즉 두 소수 2357과 2551의 곱이 6012707임을 계산하는 것은 쉽지만 6012707을 2357×2551로 소인수분해하는 것은 매우 어렵다.

실제로 사용되는 RSA 암호 체계는 이보다 훨씬 복잡하고 정교하여 암호를 해독할 수 없도록 만들어져 있다. (출처: 사이먼 싱 ≪코드북≫)

교과서는 형식적인 내용이 많아서 비효율적인 면이 있다. 학교 시험이 아니라면 교과서를 사용하는 학생이 거의 없을지도 모른다. 반면 참고서는 군더더기를 최소화하고 필요한 부분만 실어 놓았다. 참고서의 장점이다. 그러나 고루한 교과서에도 장점은 있다. 교양 수학이나 수학사와 관련된 내용이 단원별로 한 두 개씩 꼭 소개된다는 점이다. 수학의 목적과 정신을 잘 살린 부분이라고 생각한다. 바라건대 내용이나 비중 면에서 교양 수학 또는 수학사가 좀 더 강화됐으면 한다.

수학공부, 순서를 바꾸면 빨라집니다

1판 1쇄 발행 2024년 10월 21일
1판 2쇄 발행 2024년 11월 4일

지은이 민경우
펴낸이 송서림
표지 디자인 엄혜리
본문 디자인 이소현
편집 양희준, 김민희
펴낸 곳 메리포핀스북스
주소 영등포구 당산동4가 80 Skv1 W동 1504호